手绘珍藏版

JEAN-HENRI FABRE

法布尔植物记 上

[法] 法布尔 著 [韩] 秋乭兰 编 [韩] 李济湖 绘 邢青青 译

La Plante

北京联合出版公司
Beijing United Publishing Co.,Ltd.

|编者的话|

法布尔眼中的植物世界

◎ 科学家法布尔，文学家法布尔

听说我们在制作这本书，周围人的反应几乎如出一辙：“啊？法布尔还写了《植物记》？”惊讶的语言中带着隐隐的期待感，大家都认为法布尔写的植物书籍一定有某些特别的地方。

我们在看到原稿时也非常激动，期待感非常高。直到制作接近尾声的现在，我认为这样的悸动与期待是理所当然的。在整理原稿、绘制图片的过程中，我们在反复阅读这本书，却从未感觉到厌烦。

原因不在其他，正是因为法布尔异于常人的洞察力。在法布尔的眼中，植物世界既不是他的观察对象，也不是他的研究对象。他将世间万事影射到植物身上，看到了它们全新的价值，仿佛将植物当作文学或哲学的对象来看待。

法布尔的《昆虫记》中包含许多实验与观察的内容，看上去像论文一样，但他的《植物记》中却没有那么多的实验与观察。《植物记》可以如此亲切与温和地告知人们，记录植物的形态、机能以及植物的一生的书并不多见。而在讲述植物知识的同时还能够传达人生智慧的人恐怕只有法布尔了。

◎《植物记》是如何诞生的？

法布尔是一位科学家，但他更是一位好父亲。在《昆虫记》中出现频率仅次于“劳动”的词汇就是“家人”。可见他对家人的重视，以及对孩子的疼爱。

法布尔在家中亲自教育孩子，当然他的教育方法与19世纪学校的教育方法大有不同。他尊重孩子与生俱来的好奇心与探索欲，创造了很多科学游戏。

其实，《植物记》这本书是他为孩子写的。在他1864年创作《植物记》的时候，有了5个孩子。法布尔希望将自己所知道的东西通通告诉孩子们，这也成为他创作《植物记》的原动力。

《昆虫记》的创作周期从1879年法布尔56岁开

始一直到1907年84岁为止，一共10卷。但《植物记》的出版比《昆虫记》一卷还要早3年，从某些方面看，《植物记》可以说是为《昆虫记》的出世打好了基础。

◎ 关于《植物记》的误会

传闻法布尔在晚年创作《植物记》的时候，没能完成后面的“花与果实”的部分就去世了。这个传闻与事实不符。

但之所以会产生这样的误会，是因为《植物记》不是一次性出版完成，而是分两次出版的。第一本书《树木的历史》出版时间是1866年11月，法布尔43岁的时候。10年后，法布尔在《树木的历史》的基础上增加了“花与果实”的部分，重新出版。第二本书的名字叫《讲给孩子听的植物故事》，所以人们才会产生这样的误会。

◎ 专为青少年而制作的解析版

这本书的法语版与英文翻译版都写得非常浅显易

懂，译制过程中参考的图书已经备注在书后的“参考书目”中。

虽然法布尔的《植物记》是为孩子们而写的，但是书中孩子们读起来难以理解的内容并不少。所以在译制这本书时，我们制订了几项原则，努力让内容读起来更加浅显易懂。

第一，以中小学课本中的内容为中心；第二，遇到课本中没有，而少儿科学读物中经常看到的内容，如果内容比较简单就按照原版翻译；第三，虽然难懂但有必要知道的内容，用简单的语言进行解析；第四，对书中与现在植物学相悖的内容进行纠正。

由于这本书是按照上述四点原则译制的，因此无论是小学生还是中学生都能够轻松地进行阅读。当然，除了青少年之外，想要亲近植物，倾听法布尔声音的人都可以阅读这本书。

书中提及的部分植物并没有采用原稿，而是换成了常见的植物。这样做的原因是考虑到，孩子们可以观察身边随处可见的植物，参照书中的内容进行学习。

另外，还有非常重要的一点就是，法布尔的《植物记》如果不参照图片，理解起来会有一些困难。但是原稿中的例图并不多，即使有也是灰白的，一眼看不出所以然来。所以这本书中的图全部是参照实物重新绘制的，并且不是观察植物某一瞬间的状态，而是经过长时间的观察，拍照搜集资料之后，选择与原稿最相近的植物形态进行绘制。另外，书中还有很多关于植物器官横竖截面的例图，为了重新绘制这些图片也不得不更换植物种类。所以这本书中植物内部的截图也不少。同时，能够在法布尔的《植物记》中使用这样的绘画技法也是非常值得自豪的事情。

◎ 因为法布尔而幸福的人们

在这个世界上，有一件非常神奇又让人忍不住好奇的事情。在松软的泥土中吸收养分的树木是如何长得如此健壮又枝叶茂盛的呢？读过法布尔的《植物记》就能够一点点解开其中的奥秘。

因为有法布尔，我们能够用全新的目光看待植物。协助制作完成这本书的所有人都感受到了这种幸福。法布尔仿佛能够召唤出生命的气息，所有人都工作得十分愉快，没有丝毫的疲倦感。

因为参与制作的缘故，成为这本书首批读者的人，在他们的心中也一定发生了一些改变。有人曾说："法布尔让我知道了，地球上不是只生活着我们人类，还有树木的冬芽也在呼吸成长。"这正是法布尔通过《植物记》送给人们的礼物。现在该轮到各位接受这份爱的馈赠了。

想象一下，我们超越时间与空间坐在法布尔家的庭院里。亲切的邻居大叔法布尔用深邃的眼睛望着我们。当各位开始倾听他所讲述的植物故事时，请大家务必都要珍惜幸福。

2010 年 6 月

秋艺兰　李济湖

下册 目录

目录

植物和动物是兄弟

法布尔曾说：

“想要了解植物，就一定要观察动物。

想要了解动物，也一定要观察植物。”

因为植物跟动物有着很多相似的地方。

听法布尔讲述水螅的故事

法布尔以昆虫学家著称，他写的植物故事一定会让你好奇，他会在文章的开头写什么呢？法布尔把第一章的主题定为“植物和动物是兄弟”。因为植物跟动物一样具有生命，它们也要吃东西，也会繁衍子孙。因此，法布尔曾说：“想要了解植物，就一定要观察动物。想要了解动物，也一定要观察植物。”

就是这个原因，法布尔在《植物记》里选择了水螅作为第一个主人公。大家听完水螅的故事后，就会对植物的基本结构有个大致的了解了。等到听完法布尔讲述的所有故事，大家就能发现植物界里隐藏着许多的秘密。那么我们先从法布尔讲述的水螅的故事开始吧！

水螅生活在淡水中。采集水螅样本必须寻找静止的淡水。例如，我们可以在像铺满了浅绿色地毯一样的布满青苔的水洼里寻找水螅，也可以在落叶和木料堆积的水池或沼泽中寻找水螅。

大部分的水螅为绿色，少部分水螅根据环境的不

同，身上的颜色也稍有不同。

水螅的身体像果冻一样柔软，而且它非常柔弱，稍微用力摁一下就会死掉。所以，我们在触摸水螅的时候，手指一定不要用力。

水螅的身子就像一个又细又长的口袋，它吃掉的食物就是在这里被消化的。水螅之所以被称为腔肠动物，就是因为这个口袋。“腔”有“里边是空的”的意思，而“肠”则是“肠子”的意思，“腔肠动物”指的是“有像口袋一样的空肠的动物”。除了水螅，海蜇和珊瑚的身体也有这样的口袋，因此它们也属于腔肠动物。

即使被剪断也能生存的水螅

你听说过法布尔小时候寻找水螅的故事吗？某个周末，为了寻找水螅，小法布尔跑到树林里的水坑旁边。运气很好的他找到了十几条水螅。回到家后，小法布尔把每条水螅以及水坑里的水放进不同的水杯里。之所以要把水坑里的水带回来，是因为这样可以模拟适合水螅

水螅的身体结构

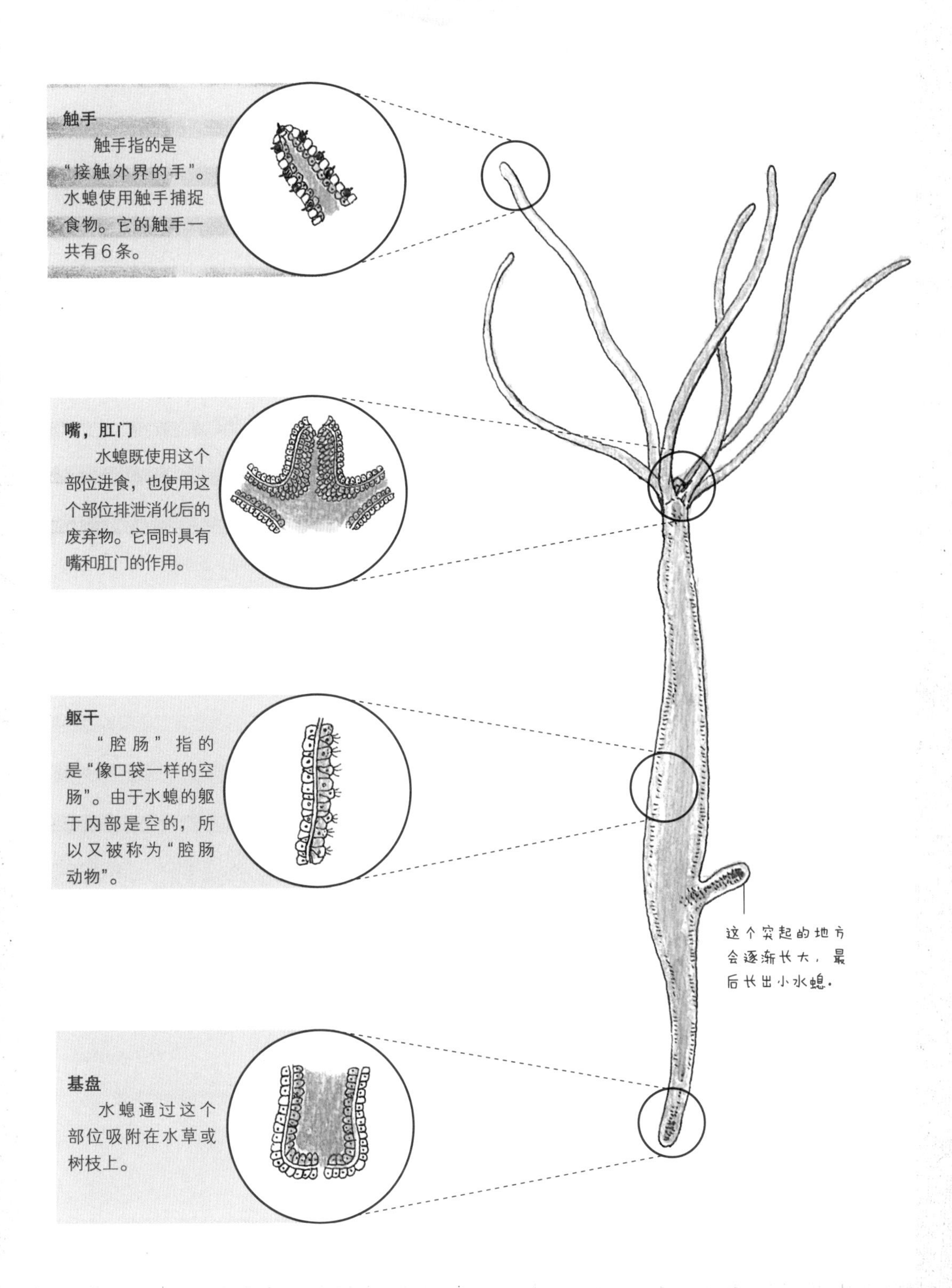
触手
触手指的是“接触外界的手”。水螅使用触手捕捉食物。它的触手一共有6条。
嘴，肛门
水螅既使用这个部位进食，也使用这个部位排泄消化后的废弃物。它同时具有嘴和肛门的作用。
躯干
“腔肠”指的是“像口袋一样的空肠”。由于水螅的躯干内部是空的，所以又被称为“腔肠动物”。
基盘
水螅通过这个部位吸附在水草或树枝上。
这个突起的地方会逐渐长大，最后长出小水螅。

生活的环境。即使不特意加入氧气，水螅也可以存活。大约 2 小时后，水螅的身体伸展开来，身体向一边移动，开始用它的 6 条触手捕捉食物。

出于好奇，法布尔把水螅剪成了两段。水螅被剪成两段后，剧烈地颤动了一会儿，然后像失去力气般不再动弹。然而第二天，水杯中发生的事情让人十分吃惊。水螅的一部分就像什么事情都没发生过一样，正在挥舞着触手寻找食物，它好像已经忘记了失去身躯的痛苦。而水螅的另一部分也像平时一样在忙着消化，它好像把失去的触手忘得一干二净了。

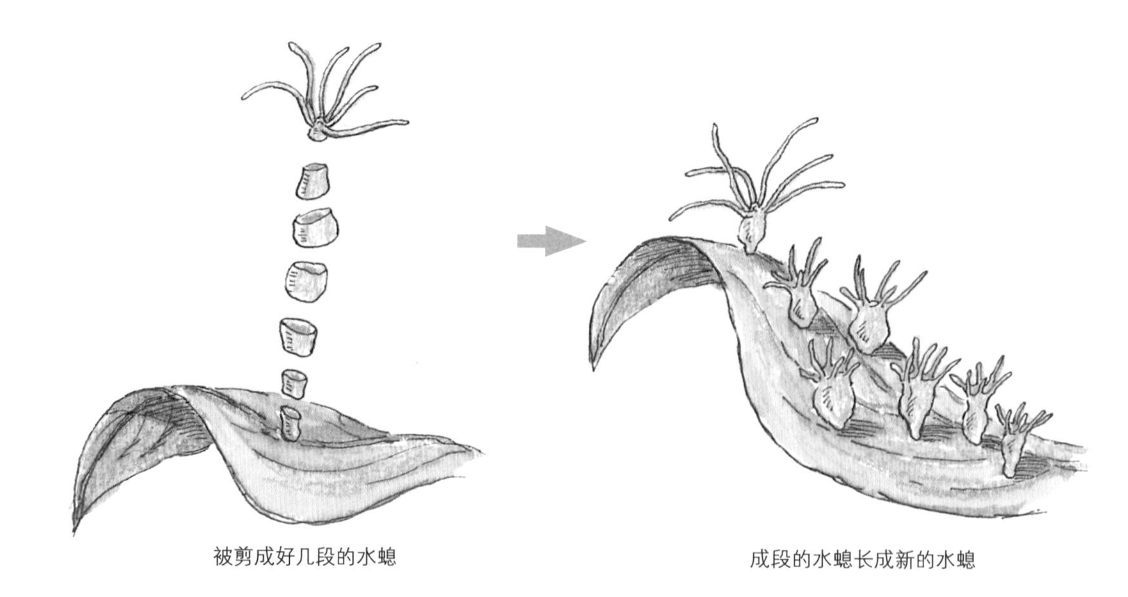

被剪成好几段的水螅

成段的水螅长成新的水螅

几天后，发生了更令人吃惊的事情：水杯中移动着两条健康的水螅。这两条水螅长得十分健康，就好像没被剪刀剪过一样。剪掉后只剩下消化口袋的部分，重新长出了嘴和6条触手。

而只剩触手的部分，长出了新的消化口袋。它们全都重新长出了缺失的部分。

看到这一现象后，小法布尔开始把水螅剪成更小的段。5段，10段，20段……他把水螅剪得像小米一样大小，然后将一段段的水螅撒种子似的撒到别的水杯中。

不久后，这些成段的水螅就开始长出绿色的“新芽”。再过一段时间之后，所有的部分都各自长成了完整的水螅。

动物的“新芽”

不论身体被如何剪断，也能生存下来的水螅，到底是怎样繁殖后代的呢?

水螅发育成熟后，在它的躯干下方会长出两三个突起。突起逐渐变大，发育得就像小口袋一样。等到突起变得再大些，它们会像花骨朵一样绽放。由此绽放出来的便是有着消化口袋和6条触手的小水螅。因此小水螅是从水螅妈妈的身体里孕育出来的。

水螅的这种出芽繁殖就像绿芽从树枝里长出来一样。

水螅通过出芽生殖孕育小水螅。

我们说水螅是动物，是基于以下几点原因。首先，水螅能自由地移动自己的身体，可以去任何它想去的地方。其次，它能感受到疼痛。再次，它能够捕捉食物吃。然而仔细回想一下水螅的习性，我们会发现它也有植物的特征，就像树木的繁殖方式是通过发出绿芽，长出新的树枝一样，水螅也用同样的方式繁殖后代。

然而小水螅在刚长出来的时候，还不了解这个世界，没法自己捕食。因此，水螅妈妈和小水螅的消化口袋是相通的。这样水螅妈妈就可以将消化后的营养成分喂给小水螅吃。小水螅吃得很少，一点食物就能喂饱它。等到小水螅成长得足够健壮后，就会脱离水螅妈妈，独立生活。

小水螅的离开，对水螅妈妈来说是一件悲痛的事情。然而它们必须遵循大自然的规律。水螅妈妈会首先将消化口袋相连的通道关闭，然后二者相连的部分会慢慢变窄，直到完全分离。

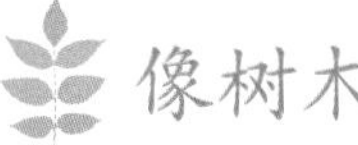

像树木一样生活的珊瑚

与植物类似的动物不只有水螅。在讲完水螅的故事后，法布尔又讲述了珊瑚的故事。珊瑚长得很像花草。它看起来不仅枝茎齐全，还有着花一样的身体。因此，它经常被误认为是植物，但实际上它是动物。

珊瑚上面像花一样的部分，事实上是有生命的动物。学者们把这一动物称作“珊瑚虫”。珊瑚虫在拉丁语中是“腿多”的意思。珊瑚上看起来像枝茎的部分，是珊瑚虫群的分泌物经过堆积形成的，里边含有坚硬的石灰质成分，这样珊瑚就能为自己打造一个安全的小窝。

珊瑚虫的身体与水螅的十分相似。圆筒状的珊瑚虫十分柔软，里边空空如也，就像口袋一样。这个口袋同样具有消化的功能。口袋的下方与石头紧贴在一起。珊瑚虫像花被一样的部分则是触手。跟水螅相似，珊瑚虫的触手也长在嘴的周围，触手的数量不是6条就是8条。

珊瑚虫也像水螅一样，在水中挥动触手寻找食物。

它们最喜欢的食物是浮游生物，偶尔也会吃些小螃蟹和小鱼。

然而对于习惯群居并喜欢待在一个地方生活的珊瑚虫来说，有一点对它们很不利。由于经常随着海水的涌动而移动，它们能捕捉到的食物量也总是因为时间和场所的变换而不同。有些地方可能食物很多，有些地方可能根本没有食物。因此，有的珊瑚虫能够捕获很多食物,有的珊瑚虫却找不到食物。这样看来，有的珊瑚虫可能会饿死。然而，珊瑚虫很机智地解决了这一难题。在一个群体里，只要有珊瑚虫捕获到了食物，就会分给所有的珊瑚虫一起吃。所有的珊瑚虫都严格地遵守这一约定，谁也没有因为私心独吞过食物。珊瑚虫是怎么实现这一平等社会的呢？想要了解这一点，我们就要首先解开珊瑚虫妈妈和小珊瑚虫的生理秘密。

再大的珊瑚虫群也是从一个珊瑚虫卵开始发育的。从卵中孵化出来的珊瑚虫在水中游荡，直到找到合适的石头后，才定居下来。紧接着，珊瑚虫成熟后便开始长出突起，跟水螅繁殖后代的方式一样。

这跟植物出芽发育的方式也很相似。小珊瑚虫在

珊瑚虫触手展开后

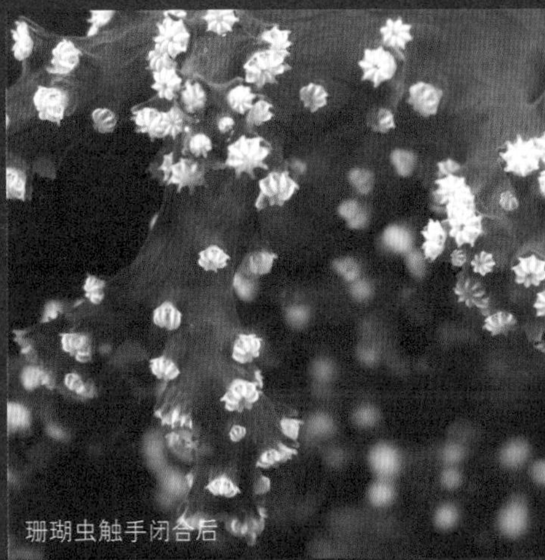

珊瑚虫触手闭合后

海底的珊瑚

珊瑚群的颜色有很多种，主要有红色、粉红色和白色。珊瑚群主要分布在太平洋沿岸和地中海沿岸。

珊瑚虫妈妈的身上长出来。珊瑚虫妈妈可以喂食物给还不能独立捕食的小珊瑚虫。跟水螅一样，珊瑚虫妈妈和小珊瑚虫的消化口袋也是连在一起的。

然而，珊瑚虫和水螅也有不同之处。水螅妈妈和小水螅的消化口袋相连的部分早晚会分开，但是珊瑚虫妈妈和小珊瑚虫之间相连接的部分不会分离，一直到死都不会分开。看上去珊瑚虫是一个个独立的个体，但实际上它们的根是连在一起的。因此，我们可以把它们称为共同体。

珊瑚虫会一个个地衰老死去。因为所有的动物最终都会死亡，珊瑚虫也是动物的一种。但是在珊瑚虫死亡之前，它会孕育出无数小珊瑚虫，小珊瑚虫又会孕育出无数小珊瑚虫。所以，珊瑚虫群不会轻易死去。如果没有意外，一个珊瑚群可以存活上千年。实际上，在红海有很多生长了3000年到4000年的珊瑚群。也就是说，这些珊瑚群从埃及法老建造金字塔开始，一直存活到了现在。

像水螅、珊瑚一样生活的树木

以上是法布尔为我们讲述的水螅和珊瑚的故事。他想通过这两种动物告诉大家，虽然动物和植物有很多不同之处，但也有很多相同的地方。下面把法布尔讲的故事反过来推一遍，我们就能知道为什么他要举这两种动物的例子啦。

我们来反推一下吧。珊瑚、水螅和植物十分相似。珊瑚长得很像植物，以共同体的形式生活，这也跟植物类似。而水螅通过出芽的方式繁殖后代，这跟植物的繁殖方式是一样的。把水螅的身体剪成很多段，像撒播种子一样撒播到水中后，它们会长成新的水螅。

那么，再回到之前的话题，我们更想知道植物是怎样作为共同体生活下来的。

像珊瑚一样，植物也是以共同体的形式生活的。我们以朝鲜丁香为例来看一下吧。首先，我们需要找出在丁香茎部长出叶子的部位，并仔细观察。那个地方其实就是“叶腋”。根据它的位置特征，植物学家将树叶的“叶”字和腋部的“腋”字结合起来取了这个名字。秋天是观察叶腋最好的时期。

这一时期丁香的叶子全都掉光，我们会明显地看到茎部有叶痕。叶痕的上方便是叶腋。叶痕上面有一个圆形的突起，仔细观察我们会发现，上面有深褐色的叶片。这就是丁香的芽。芽成长后会成为新的树枝。这跟珊瑚虫的身体上长出突起，最后长成小珊瑚虫的生长方式是一样的。

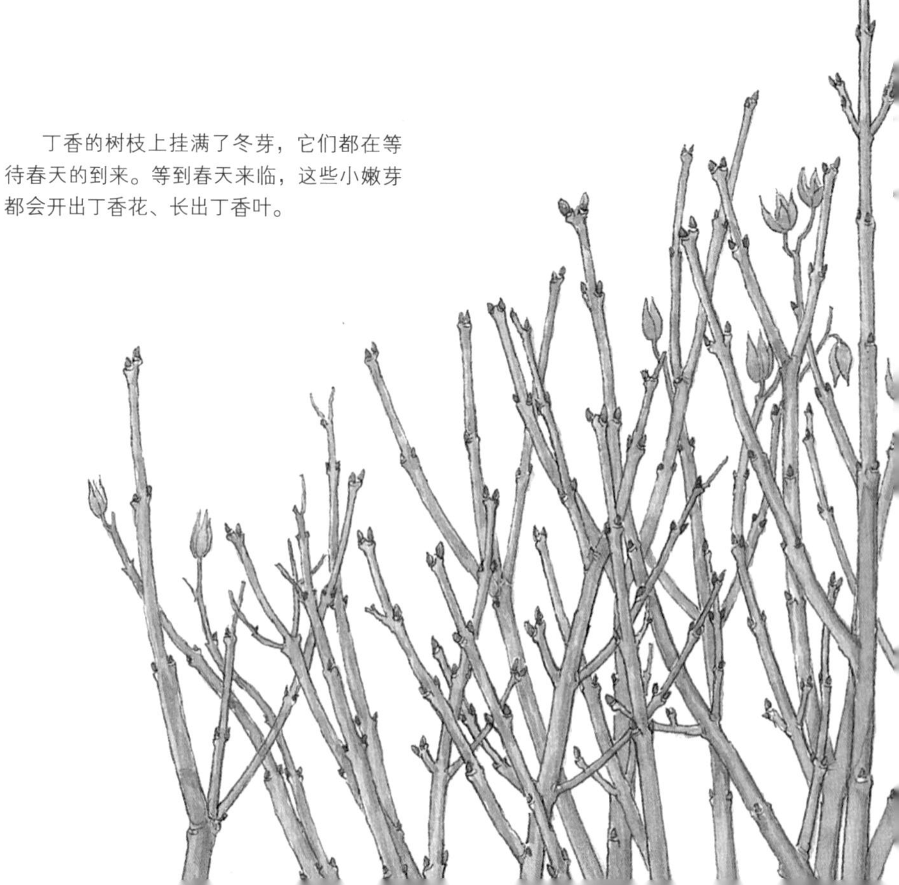

丁香的树枝上挂满了冬芽，它们都在等待春天的到来。等到春天来临，这些小嫩芽都会开出丁香花、长出丁香叶。

如果我们把一株丁香树看作一个共同体，芽便是构成共同体的一个成员，也是一个独立的个体。但是芽还很弱小，还无法脱离母体生活。刚长出来的芽，在开始的第一年必须依靠母体提供的营养才能生存。在第二年的春天到来之前，它会一动不动地待在树上。直到冬天过去，春天到来的时候，它才会开始长成新的树枝。

那么这一年的时间里，芽是靠什么生存的呢？长满新叶的小树枝担当了这个责任。小树枝为芽提供营养，为它盖上厚厚的被子，帮助它度过寒冷的冬季。做好这件事并不容易，但小树枝对工作很敬业，也很勤劳。这让看到的人都很为它担心，怕它太过劳累。幸好小树枝只需要工作一年就可以了。第二年小树枝就会退休。小树枝退休后我们也不必担心没有人供给

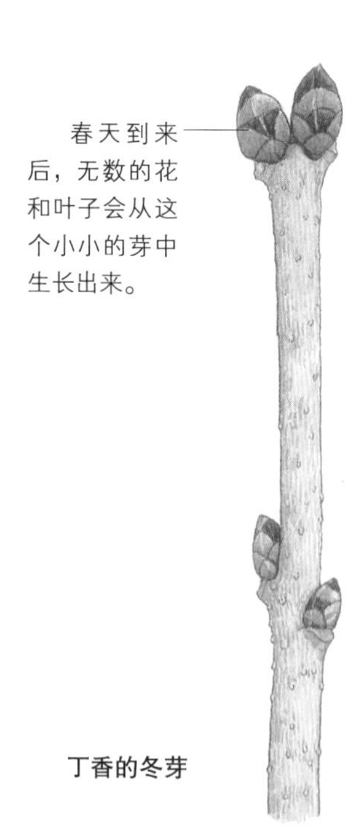

丁香的冬芽

芽营养。因为新长出来的小树枝，会继续承担供给芽营养的责任。

生长在同一根树枝上的胚芽是共同体的家人，因此，芽也应该享受到作为植物的各种权利。例如，获得充足的水分、新鲜的空气、温暖的阳光，还应该获得均等的食物。每个芽最终都应该发出一样健康的叶子。

丁香花

绽放在4月的浅紫色花朵。因为花很漂亮，所以经常被种在庭院中。改良后的丁香被称为“紫丁香”。由于香气浓郁，在古代，人们经常将丁香花晒干，做成香囊戴在身上。

然而实际上却并非如此。有的芽会长出健康硕大的绿叶，有的芽却会长出弱小的叶子，还有的芽连叶子都没长出来就干死了。为什么会这样呢？这是因为每个芽的生长能力不尽相同。

一般来说，树枝最上方的芽生长能力十分强大，而下方的芽生长能力则很弱小。如果仔细观察，我们会发现，有些芽太小，用肉眼几乎看不到，也有的芽没有发出新叶，最终走向死亡。

每个人都会好奇吧，为什么世界上的人并不都是健康的。对于这点，建议用法布尔观察大自然的结论来解释。

就像丁香的芽因为生长能力的不同，吸收的养分不同一样，根据个体的不同，人的健康也不相同。

按照法布尔的说法，我们可以把人类看作丁香树，而我们就是丁香树上面的芽。不管是平凡的人，还是不起眼的丁香树上的芽，只要默默地承担起自己应尽的义务，这个世界就会变得更美丽。因此，即使很弱小，我们也必须去做该做的事情，像丁香一样，幸福地绽放我们的梦想。

不管梦想华丽与否，即使得不到他人的认可也没关系，重要的是要努力奋斗，走向通往梦想的道路。从这一点来看，世界上所有的事物都是值得珍惜的。

植物诞生的地方——芽

坚实可靠的树茎，积极向上的树枝，

生机盎然的绿叶，娇艳美丽的花朵……

植物的每个重要器官最初都是从芽发育而来的。

比任何外衣都要暖和的鳞片

坚实可靠的树茎，积极向上的树枝，生机盎然的绿叶，娇艳美丽的花朵……植物的每个器官都很重要，不可或缺，但是法布尔在所有的植物器官里选择了树的芽作为第一个描述的对象。这是因为不管是绿叶、树枝，还是花朵，它们都是从芽发育而来的。

在叶子全部凋落的冬季，我们可以很轻松地找出树的芽。叶子虽然凋落了，但芽仍留在树上，准备度过寒冷的冬天。这种冬天还挂在枝条上的芽就叫作“冬芽”。不过冬芽并不是冬天长出来的，而是在春天长出来的。在夏天的时候，冬芽也会不停地生长，为平安度过严寒积蓄能量。然后在冬季停止生长，像动物一样进入冬眠，安静地等待来年春天。春天到来时，冬芽便会长出新的枝叶。

在第二年春天到来之前，树的芽十分柔弱娇嫩。过热或过冷的天气都不适合芽生长。冰雪交加的冬季对芽来说，更是一个严峻的挑战。

因此树木为了保护芽，做了充分的准备。在内部，树木为芽穿上了暖和的“毛衣”。为了防止芽被风雨侵袭，树木还在外部为它穿上了一层结实的外衣，把小芽裹得特别严实，就像为它穿上了一层厚厚的盔甲一样。这件盔甲就是“鳞片”，它是保护芽的外皮。

如果把鳞片比喻成人的衣服，那么它是哪种衣服呢？法布尔把它看作冬衣。我们可以想象一个游客即将在寒冷的冬天远行的场景。这个游客肯定要在里边穿上柔软暖和的内衣，外边穿着抵御严寒的外衣。这些衣服在制衣业发达的今天已经不是梦想。在人们还不会制作衣服的遥远年代，人们只能穿着兽皮生活。即使到了冬天，他们也没有多余的衣服穿。然而在那个时候，树木已经能够为冬芽穿上暖和的“毛衣”和可以抵御风雪的外衣了。树的冬芽比人更聪明。

接下来，法布尔以七叶树的冬芽为例，向大家展示树的冬芽是怎么形成的。之所以选择七叶树，是因为它的冬芽比其他树的冬芽体形要大很多。

七叶树的冬芽为了抵御严寒做了哪些准备呢？

首先，冬芽的外边包裹了一层厚厚的鳞片。鳞片把芽包裹得没有一丝缝隙，法布尔曾把它比喻为砌得紧密结实的屋顶上的砖瓦（见 27 页图片❶）。暴雪和狂风都无法侵入其中。

不仅如此，每个鳞片的外边还涂有一层树脂。这层黏液就像涂到家具或木制工艺品上面的清漆一样，可以抵御湿气的侵袭。砍掉松树的树枝后，流出来的黏液就是树脂的一种。在种皮的里边还有一层茸毛(见 27 页图片❷)。我们不由对此感到惊叹，树木如此呵护冬芽，还为它穿上柔软暖和的“毛衣”。

剥开这层茸毛后，我们会发现芽上还有一层黏液裹在绿芽上（见 28 页图片❸)。黏液的里边就是芽（见 28 页图片❹）了。

芽是树枝的幼儿时期，聪明的大树使用了很多方法来保护它。因此芽可以安全地度过冬季,不会被冻死。

刚开始，由于芽长得很不起眼，颜色也不鲜艳，人们都不怎么会注意到它。但现在人们发现，穿着种皮的芽是多么出众的一件艺术品。

由于风雨无法侵袭到芽，所以即使遭遇了恶劣的天

七叶树的树枝和冬芽的结构

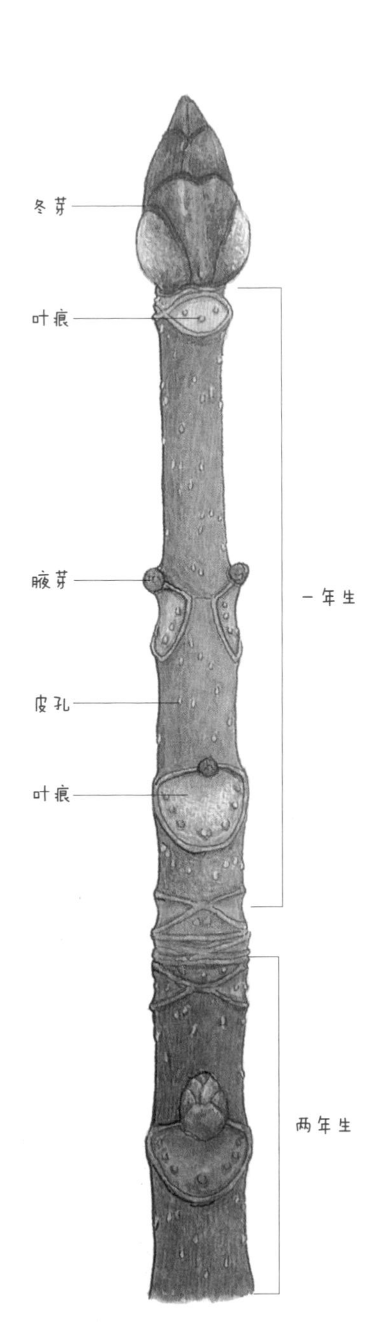

观察七叶树冬芽的内部结构

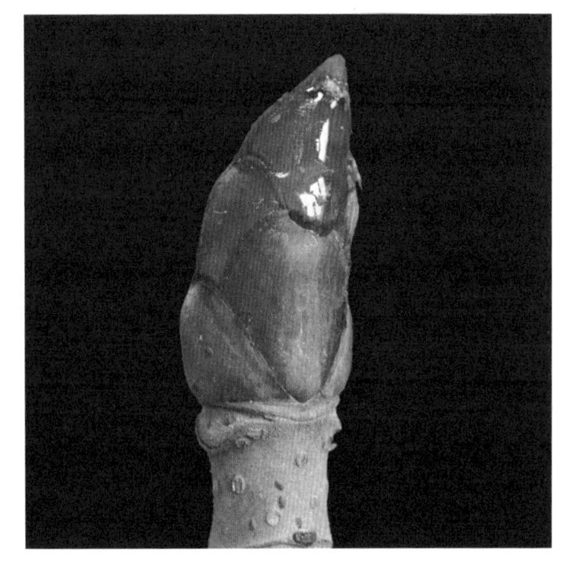

❶ 鳞片

鳞片把芽包裹得严严实实，没有一丝缝隙。它的上面还有黏液，不容易用手剥开。

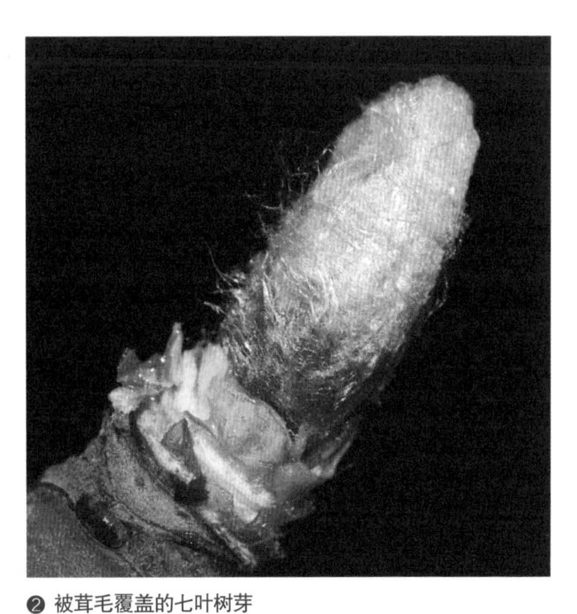

❷ 被茸毛覆盖的七叶树芽

剥开鳞片后，我们会发现，七叶树的芽外边还包裹着一层茸毛。

观察七叶树冬芽的内部结构

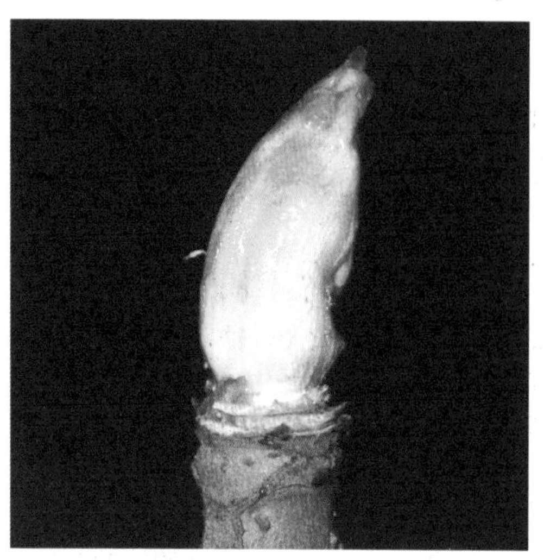

❸ **被树脂包裹的浅绿色组织**

剥去茸毛后，会发现，芽上面还有一层黏液，起到了保护膜的作用。

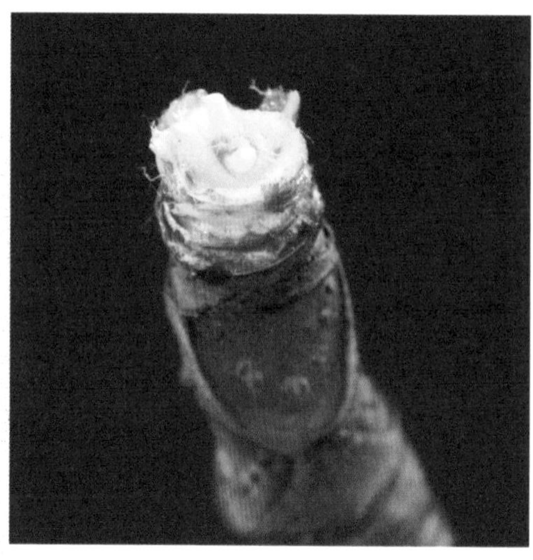

❹ **嫩绿色的胚芽**

去掉冬芽外边的保护膜之后，就可以看到绿色的芽了。叶子和花以后会从这里长出来。

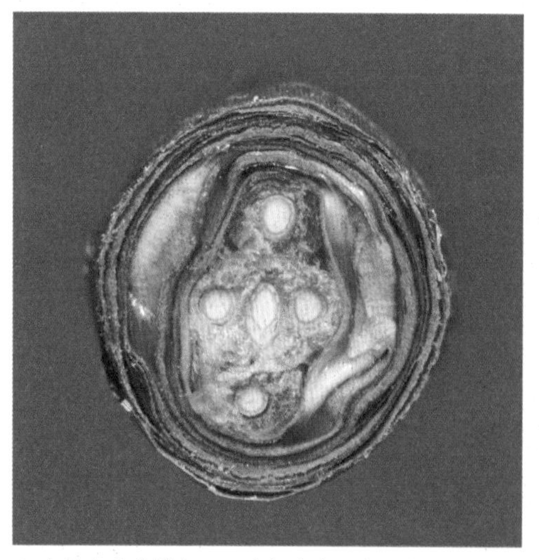

▲ 这是冬芽的横切面。中间白色的部分就是长出叶子和花的芽。

▶ 春天盛开的七叶树的花和叶子

气，它也能被完好无损地保存下来。芽里边包裹的茸毛能很好地抵御严寒。这么完美的冬衣真是少见呢。

 芽是整理东西的高手

法布尔很喜欢把植物世界和人类世界放在一起做对比，当他看到芽最外层的鳞片时，脑海中不由浮现出劳动者的形象。制衣工人在自己的岗位上兢兢业业，勤劳地做出各种漂亮的衣服。而这对没学过做衣服的我们来说是一件很困难的事情。我们不仅很难做出漂亮的衣服，有时候甚至不知道如何在帽子上加上装饰用的丝带。

世界上还有很多人为了别人牺牲自己，一些植物的身上也有类似的特质。例如，鳞片可以为了照顾树叶而奉献自身，花萼为了守护花朵而甘愿默默奉献。不管是人类还是植物，这个世界正因为有了他们的努力和牺牲，才会那样生机盎然，那样娇艳美丽。

刚才我们一起了解了冬芽的鳞片，但还没有了解

被鳞片保护的嫩芽呢。

现在我们来看一下芽吧。包裹在冬芽最里边的芽个头很小，颜色特别浅，质地也很柔软。不过它已经具备了叶子或花的雏形，并且它拥有的智慧并不逊于鳞片。它的智慧之处在于整理东西的技术。空间再狭小，它也能把很多片叶子整整齐齐地放在里边。人类也无法与之媲美。

人们什么时候才需要整理东西呢？法布尔想到了整理旅行背包。背包的空间是一定的，整理背包的时候必须想好先放什么后放什么。不仅要放上毛巾和袜子，记得带上T恤衫、裤子、外套……还要带上一本书。如果随便乱塞，书包看上去会很鼓。整理背包的时候，我们总会经历把东西放进去又拿出来，再重新整理的过程吧。

与人类总是手忙脚乱地收拾行李相反，树的芽对这种事情可谓是驾轻就熟。它可以将数片叶子全都放进只有米粒大小的空间里。不仅是树叶，它还将大量的花被放在里边。丁香芽里边就有上百片的花被。把那么多的花被集中在一个狭小的空间里，有的人会认为它们可能不会按照花被本来的样子生长。但实际上并非如此，每片花被都生长得很健康。

法布尔让我们想象一下，如果把冬芽里边的花和叶子全都拿出来，再放进去……人们不可能做到吧。我们人类没有办法模仿植物做到这一点。

芽中的嫩叶为了尽可能地占据里边的空间，会长成不同于真叶的特殊形态。生物学专家将嫩叶的这种特殊形态看作“芽的形态”，并称之为“幼型”或“幼态叶”。

负责整理内部的芽的形态多达千种，既有圆形的、皱巴巴形状的，也有扇子形状的胚芽，还有纵切面和横切面都是螺旋形的芽。

赤手空拳度过冬季的裸芽

植物的芽不只是冬芽。有的植物能生长很多年，而有的植物只能存活一年。因此有的植物的芽在冬天仍旧存活，有的则不会在冬天出现。

与多年生植物不同，有的植物只能存活很短的时

冬芽的幼型·幼态叶

梧桐树的冬芽

冬芽的横切面

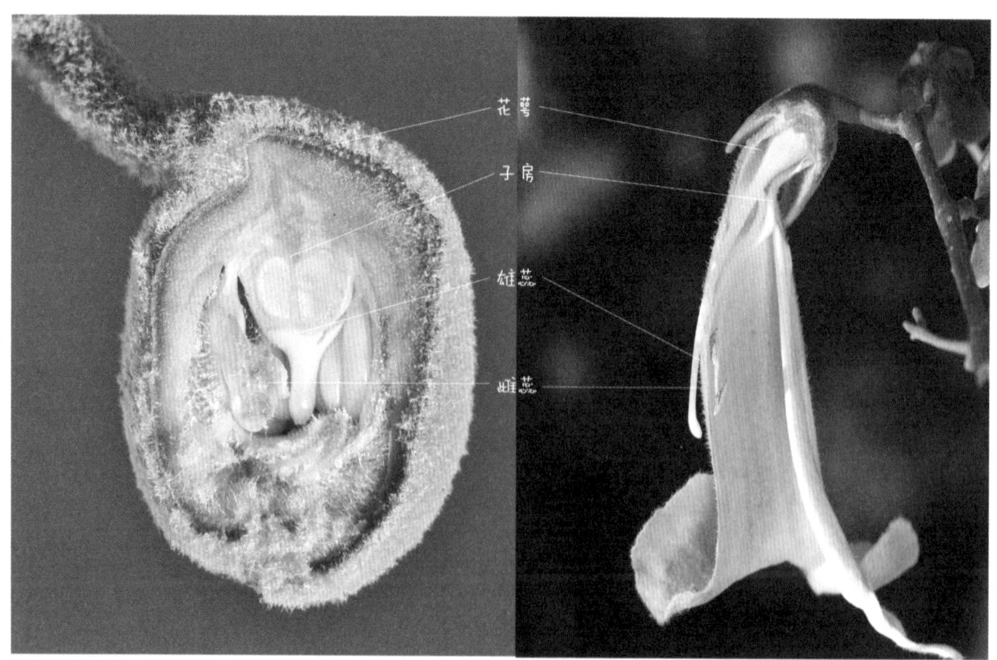

冬芽的纵切面

梧桐花的内部

冬芽的幼型·幼态叶

七叶树的冬芽

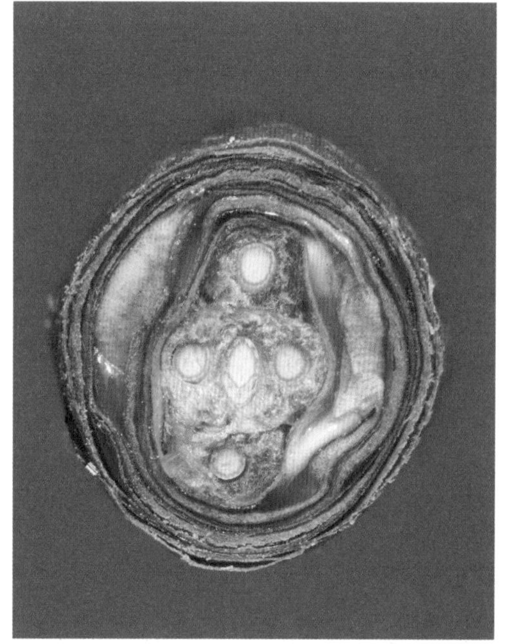

冬芽的横切面
其中花和叶子的芽掺杂在一起

七叶树的新芽和花蕾

冬芽的幼型·幼态叶

玉兰花的冬芽

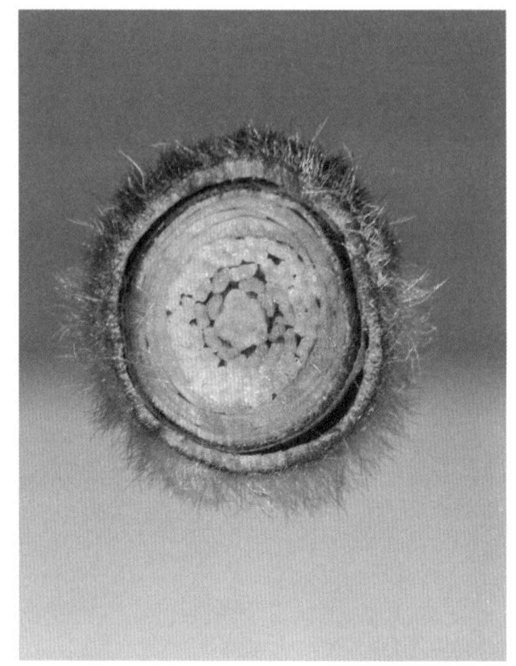

冬芽的横切面

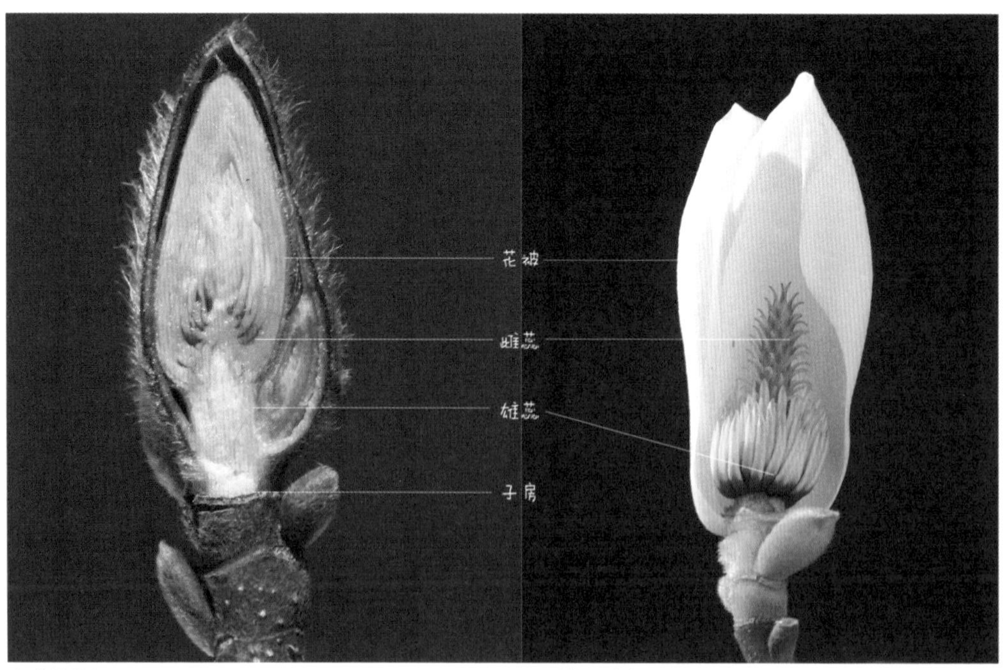

冬芽的纵切面

玉兰花的内部

间。土豆、胡萝卜、南瓜等植物只能存活一年，因此被称为“一年生植物”。由于这类植物在冬天不会生长，所以它们不需要厚厚的种皮裹在芽上。它们也不用为了等待来年春天的到来，一年之中都要忙着吸收养分

玉铃花的冬芽和新芽

❶ **冬芽**　上面覆盖着一层茸毛。
❷ **新芽**　过冬时的茸毛在新芽时仍然存在。叶子长大后，这层茸毛就会自动脱落。嫩叶在只有一层茸毛覆盖的情况下过冬。

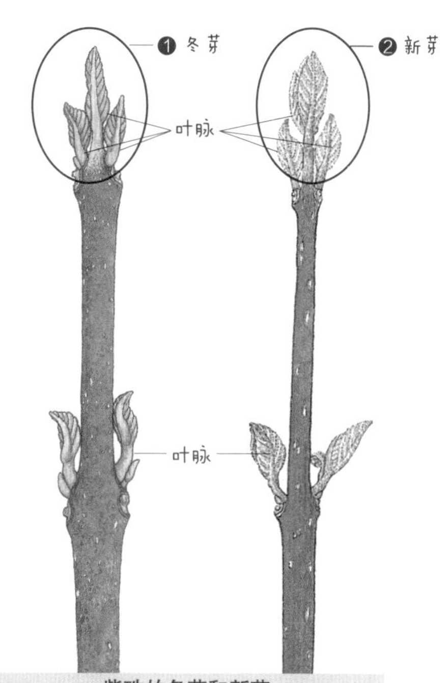

紫珠的冬芽和新芽

❶ **冬芽**　嫩叶被一层茸毛覆盖。仔细观察，我们能看到叶脉。
❷ **新芽**　新芽的形态与冬芽的十分相似。嫩叶在只有一层茸毛覆盖的情况下过冬。

和睡眠。一年生植物从出生就开始成长。这种与冬芽生命特质相对应的芽叫作“夏芽”。

夏芽既不准备冬衣，也不穿冬衣，因此也叫“裸芽”。

世界上所有的规则都是有原因可寻的。有的树木虽然也在冬季发芽，但却不穿冬衣。玉铃花和紫珠就属于这一类。这类树木的芽什么都不穿，赤手空拳度过冬季。它们这么做是因为懒惰，还是不想繁育下一代呢？对于这个疑问，法布尔给出了这样的答案：它们这么做是为了让芽变得更健康强壮。

我们可以联想到人类世界。有的人为了健康，穿着短袖在冰天雪地里做运动。树木也是这样。玉铃花和紫珠以结实的树皮而著称。所以为了保持家族的优良传统，它们把胚芽裸露在严寒中，对它们进行训练。因此，不管是人，还是树木，想要拥有强大的生命力，就必须克服一些困难。

玉铃花

各种冬芽和树枝

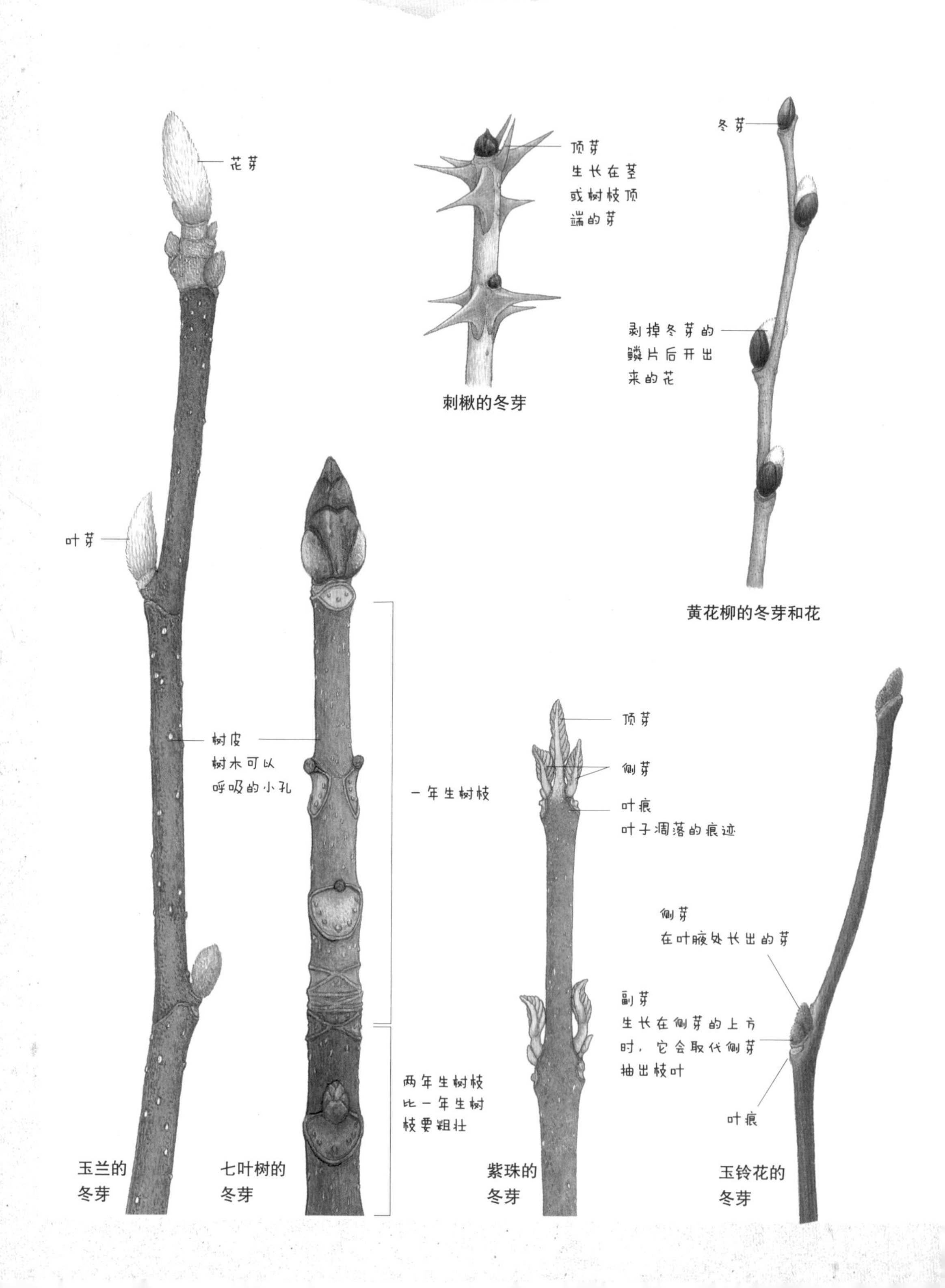

花芽
叶芽
树皮
树木可以
呼吸的小孔
玉兰的
冬芽
一年生树枝
两年生树枝
比一年生树
枝要粗壮
七叶树的
冬芽
顶芽
生长在茎
或树枝顶
端的芽
刺楸的冬芽
冬芽
剥掉冬芽的
鳞片后开出
来的花
黄花柳的冬芽和花
顶芽
侧芽
叶痕
叶子凋落的痕迹
紫珠的
冬芽
侧芽
在叶腋处长出的芽
副芽
生长在侧芽的上方
时，它会取代侧芽
抽出枝叶
叶痕
玉铃花的
冬芽

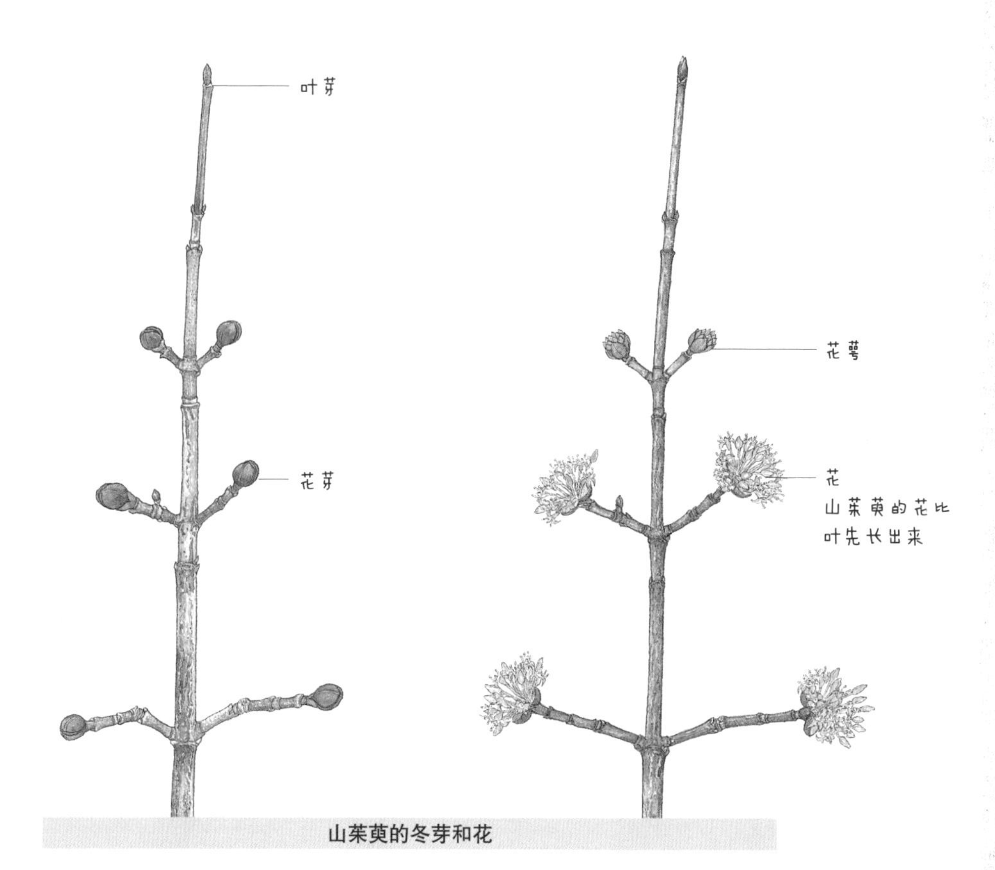

山茱萸的冬芽和花

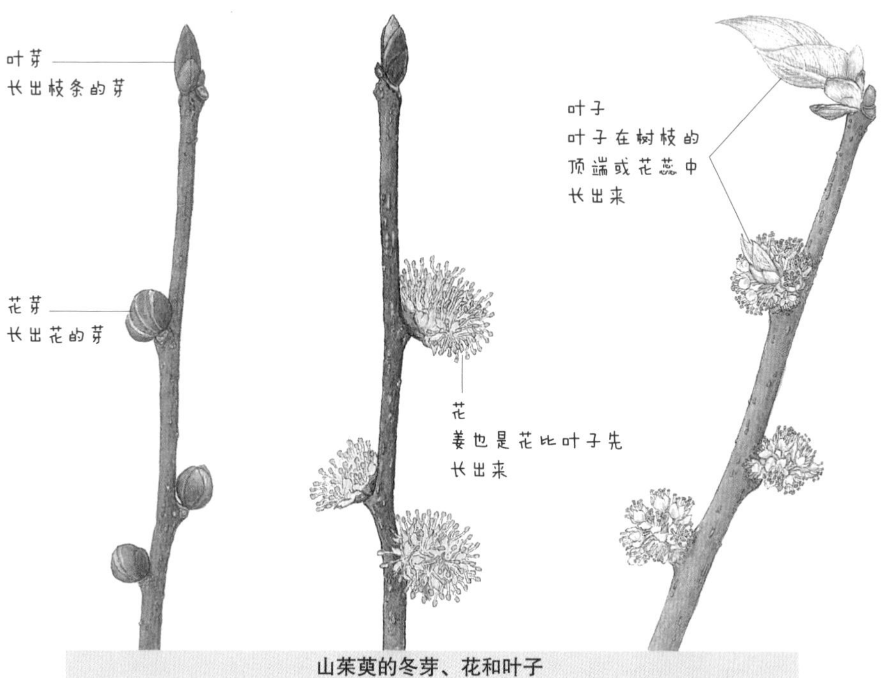

山茱萸的冬芽、花和叶子

3

植物的大变身

每种植物都会运用它的智慧

把养分提供给胚芽。

就算牺牲一个器官或改变器官的样子，

也要完成繁育后代的使命。

像珊瑚的植物，像水螅的植物

植物界中既有像珊瑚的植物，也有像水螅的植物。首先，我们来了解一下像珊瑚的植物吧。这类植物的芽依附在母枝上，依靠母枝提供的养分生活。这跟珊瑚虫的繁殖方式类似。像这种不会和母枝分离的芽叫“定芽”。

拥有定芽的植物像珊瑚一样，我们可以把它从整体上看作一个共同体，它们分食而吃。由于食物充足，谁的利益也不会受到损害，所以没有芽会脱离母枝生存。

另一方面，也有像水螅一样，最后离开母枝的芽。这类芽意识到，如果一直依靠母枝，最终会干死。因为为了供给芽养分，植物已经筋疲力尽了。因此，嫩芽想要离开母枝，寻找新的土地以生存下去。这类芽叫“独立芽”。

独立芽在扎下根，吸收土地里的营养之前会经历一个漫长的时期。在那之前，它必须战胜饥饿。而要做到这点，它就需要准备好食物。

也因为这样，每种植物独立芽的形态并不一样。下面我们来了解一下独立芽的种类吧。

独自成长的珠芽

法布尔在独立芽植物中选择了虎皮百合作为研究对象。虎皮百合的芽长在茎的叶腋处。由于芽的形状像珠子，所以我们又称它为“珠芽”。虎皮百合的珠芽既是独立芽，又属于冬芽。但它不像有些芽一样裹着一层厚厚的鳞片组织，而是裹着很薄的芽鳞片。这种芽鳞片比鳞片更柔软，水分也更多。它也像鳞片一样有保护芽的作用。另外，它的里边充满了供给芽的养分。这也是为什么芽鳞片的表面比鳞片更加起伏不平。

之所以珠芽上充满了养分，是因为早晚有一天它会离开母枝。从夏季结束到冬天来临之前的 10 月之间，大部分的珠芽会告别妈妈，开始寻找新的定居点。

告别母株后的珠芽，在轻风的吹拂下，寻找到可

虎皮百合的珠芽

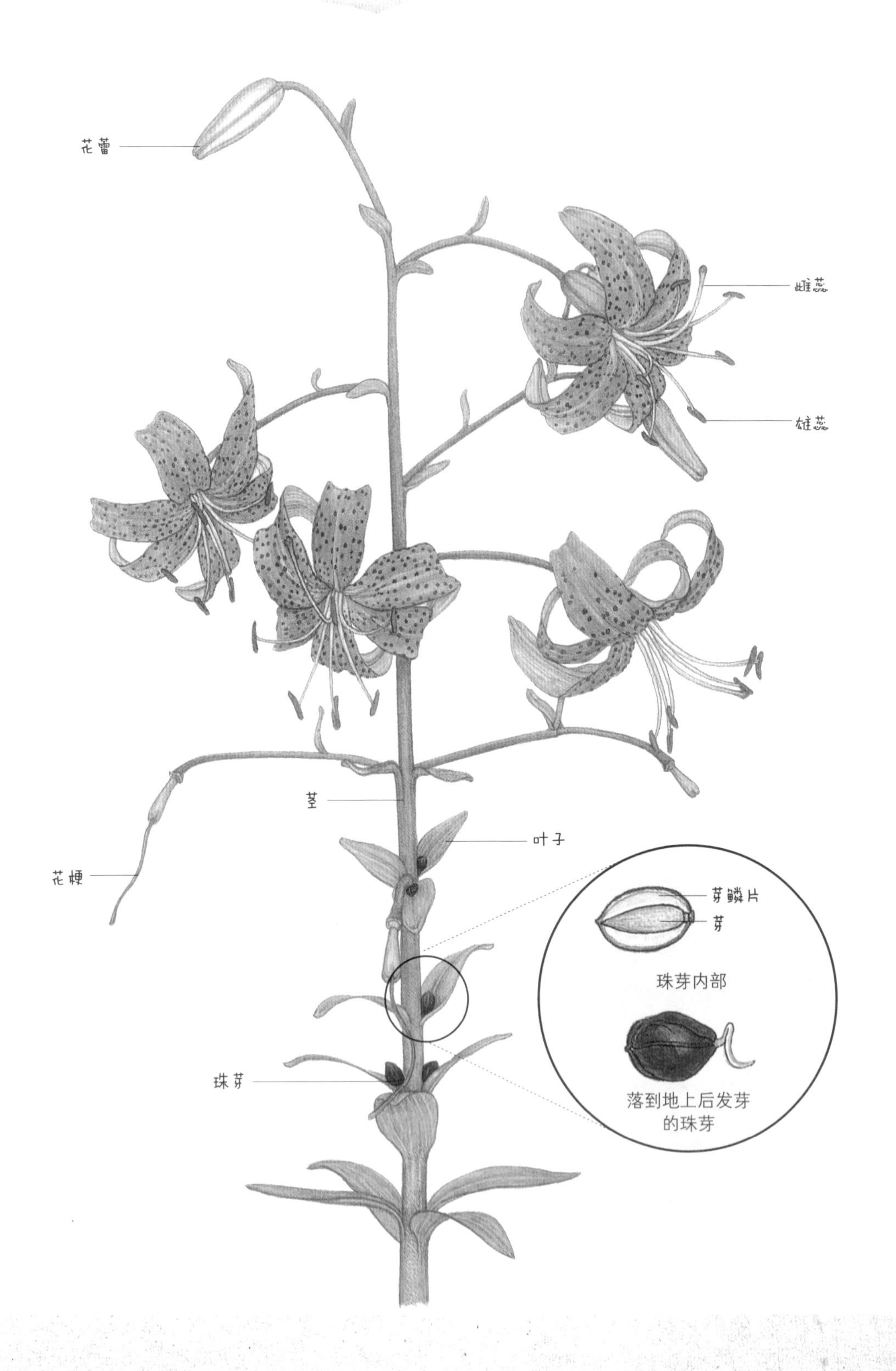

以定居的土地，然后静静地等待发芽期的到来。这时珠芽依靠吸收芽鳞片中的养分生存。

秋雨过后，落叶和土壤将珠芽掩埋了起来。于是珠芽开始生根，并迎接冬天的来临。等到春天到来时，珠芽开始长出蓝色的叶子，一棵虎皮百合就这么长大了。

被无皮鳞叶所围绕的洋葱的芽

为了度过寒冷的冬季，植物的独立芽会尽量多储存食物，其中的典型就是洋葱。接下来，法布尔会向我们讲述洋葱的故事。

洋葱的芽鳞片就是叶子。养分充足的洋葱叶子充当了芽粮库的角色。

等洋葱发芽后，我们把它纵向切开，会发现洋葱的叶子和芽鳞片是连在一起的。洋葱的根是茎下方白色线条状的部分。洋葱的茎在根的正上方，它很不起眼，人们一般不会注意到它。

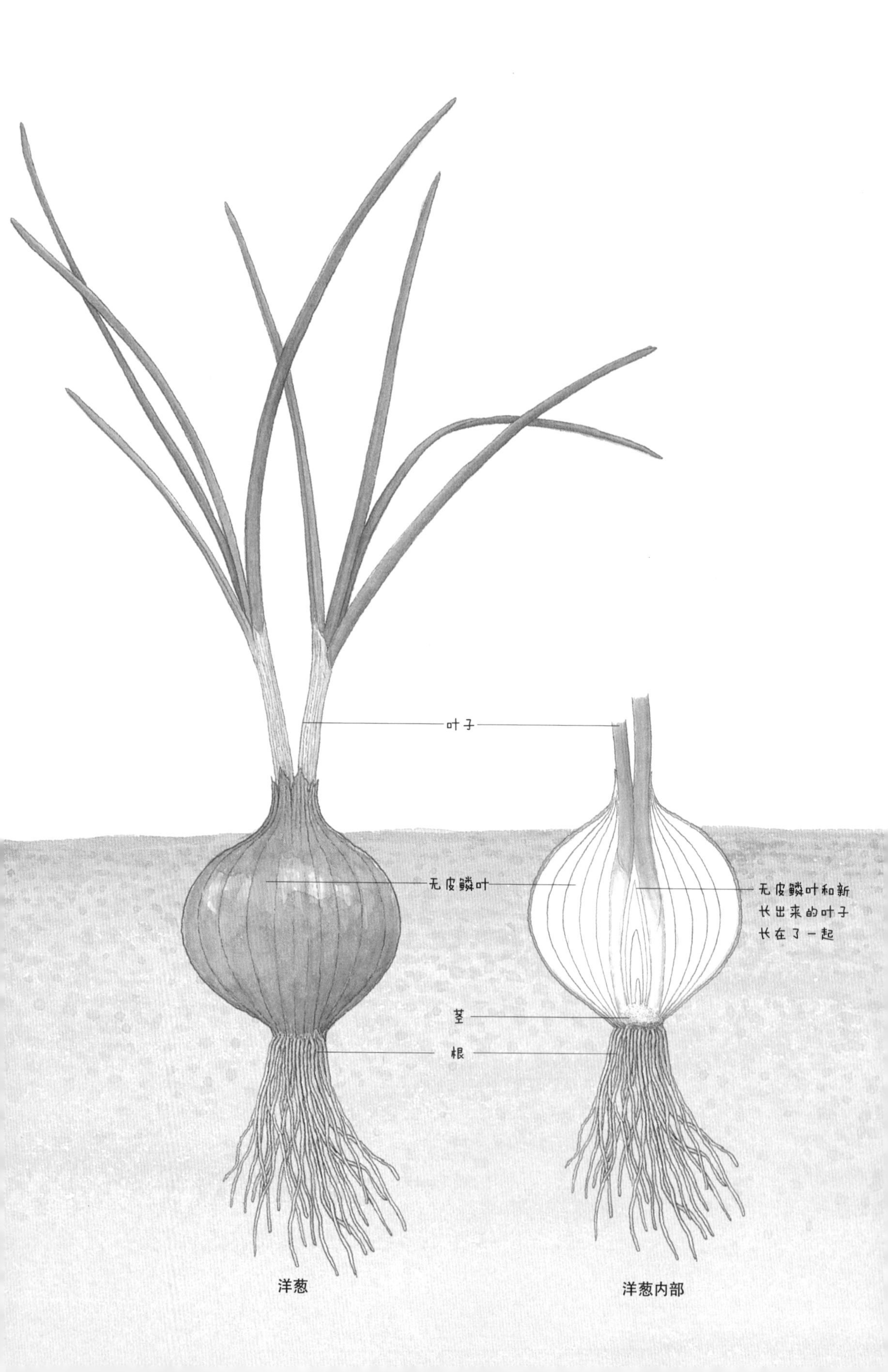
叶子
无皮鳞叶
无皮鳞叶和新
长出来的叶子
长在了一起
茎
根
洋葱
洋葱内部

洋葱被厚厚的芽鳞片所包裹，把养分储存在无皮鳞茎的原因，并不是要考验厨师剥洋葱的手艺。

它跟一般的独立芽一样，为了保护自身，并且安全地度过冬天，储存了大量的营养。

你见过悬挂在农家仓库的洋葱吗？当冬天过去，天气渐渐好转时，洋葱开始迎接春天的到来。被很多层无皮鳞叶包围，处在洋葱最深处的绿芽会往上露出头来。从这时开始，新发出的芽会迅速地吸收掉无皮鳞叶中的养分。曾经厚重多汁的芽鳞皮会变得特别干瘪。这时，如果农民伯伯仍没有把洋葱种到土里，等到养分被吸收完以后，迎接洋葱的就是死亡了。

土豆是根还是茎呢

独立芽中，也有的是茎储存养分，而不是叶子储存养分。

一般来说，茎都喜欢生长在露天条件下。它沐浴在阳光之下，把开出鲜艳的花朵视为自己的使命，并把它当作生活的乐趣。然而有的茎却放弃了这一乐趣，把自己深埋在了土地中。茎之所以放弃这一乐趣，是为了芽。

法布尔看到这些为了芽而奉献自己的茎，脑海中浮现了“牺牲”这个单词。因为它们为了给芽提供充足的养分，甘愿埋藏到土中，变成了不像茎的茎。由于这些茎形态粗大，所以又被称为“块茎”。虽然长得丑陋，但它们确实是茎。

土豆便是块茎中的代表。土豆长在地下，因此总被认成是根，但实际上它是茎。

我们来了解一下为什么土豆是茎吧。根上不会有叶子，而且根上不会长出芽来。如果不是到了生死关头，根是不会承担起发芽的责任的。但是土豆上面到

处都有芽。从外表看，土豆表面有很多坑坑洼洼的地方。这些坑坑洼洼的地方就是芽。当土豆在土壤中时，

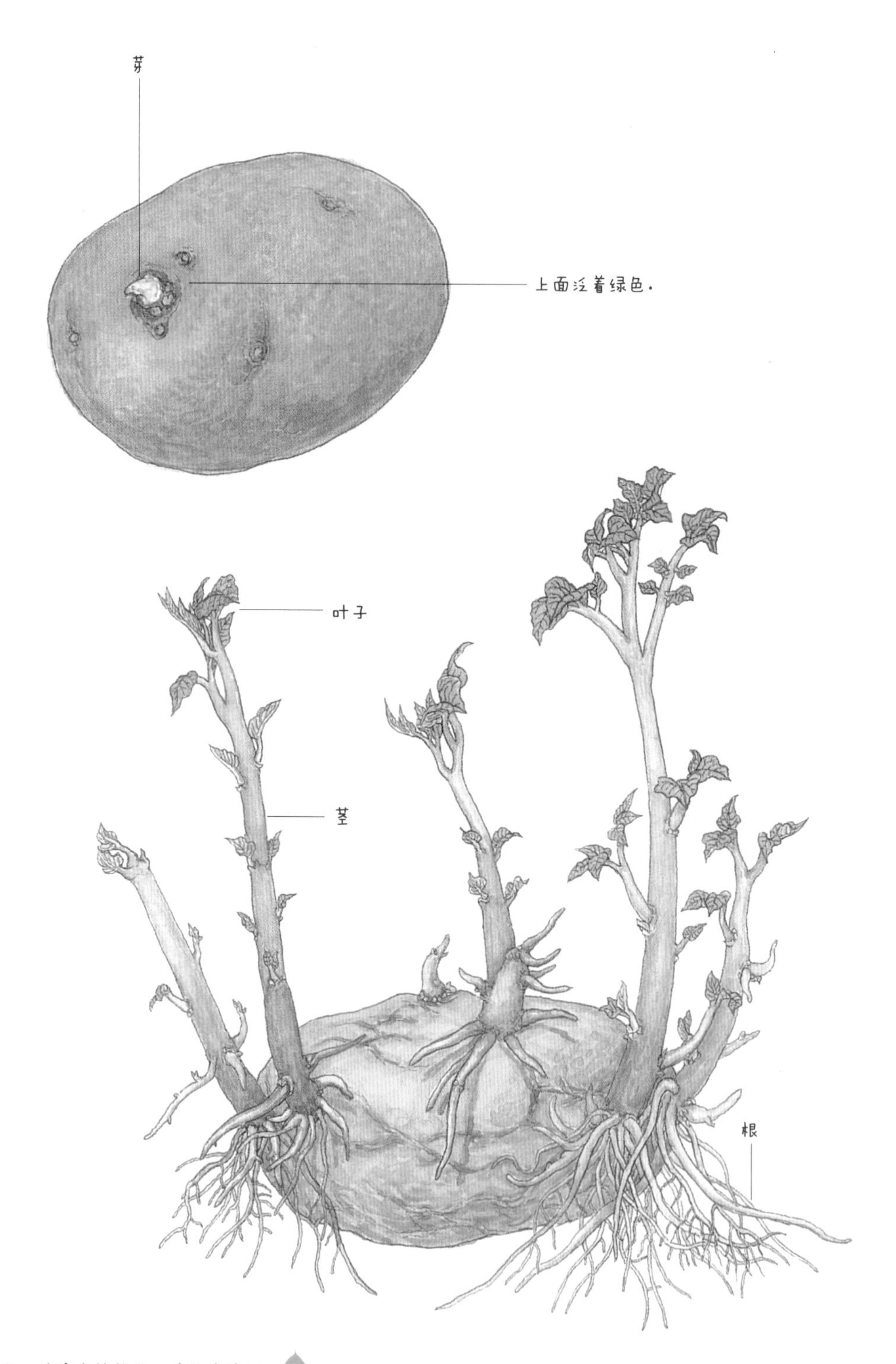
芽
上面泛着绿色.
叶子
茎
根

胚芽会发出新芽，长出枝干，最终生出绿叶。所以说，土豆不是根而是茎。

还有一点可以说明土豆是茎。茎的内部存在叶绿素，接受阳光的照射后，它会变成绿色。土豆经过阳光的照射后也会变成绿色，所以土豆是茎。

还是不相信吗？那么还有一个证据可以证明。把土豆的茎的周围盖上土，观察它会怎么变化。茎接触到土壤后，会逐渐长成土豆的样子。当连续几天出现多雨的天气时，我们会把它误认为是从土里长出来的茎。土豆的茎逐渐长成土豆的模样，变得十分粗大。看到这里，你该接受土豆是茎这个事实了吧。

无论是法布尔生活的时代，还是现如今，种植土豆的方法都是一样的。春天的时候，农民伯伯把土豆切成一块块的。切的时候不是随便切，而是每块上都至少要有一个芽。然后将芽朝上，种到土壤中。这时，块茎里的芽意识到已经为它准备好食物了，于是开始吸收养分并成长。

法布尔怎么知道土豆是块茎食物的呢？法布尔虽然是科学家，但也是一个农民的儿子。他的出生地法国圣莱昂，是一个贫困的小山村。当地的村民在陡峭的山上种植土豆。土豆是他们冬季赖以生存的食物。法布尔从小见到了很多次种植和收获土豆的场景，并且还亲手收获过土豆。所以，土豆是法布尔观察最多的一种植物。正因为如此，他更了解块茎植物——土豆。

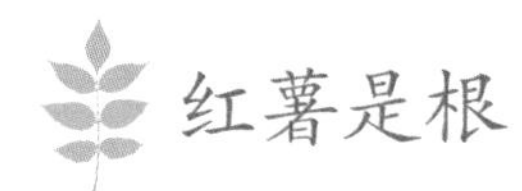

红薯是根

刚才我们一起了解了土豆，现在来看一下红薯吧。我们尝试用水培的方式种红薯怎么样呢？一点都

水培的红薯

红薯的一端是根，另一端是叶子。这些叶子的最底端，也就是茎的最下方就是芽了。

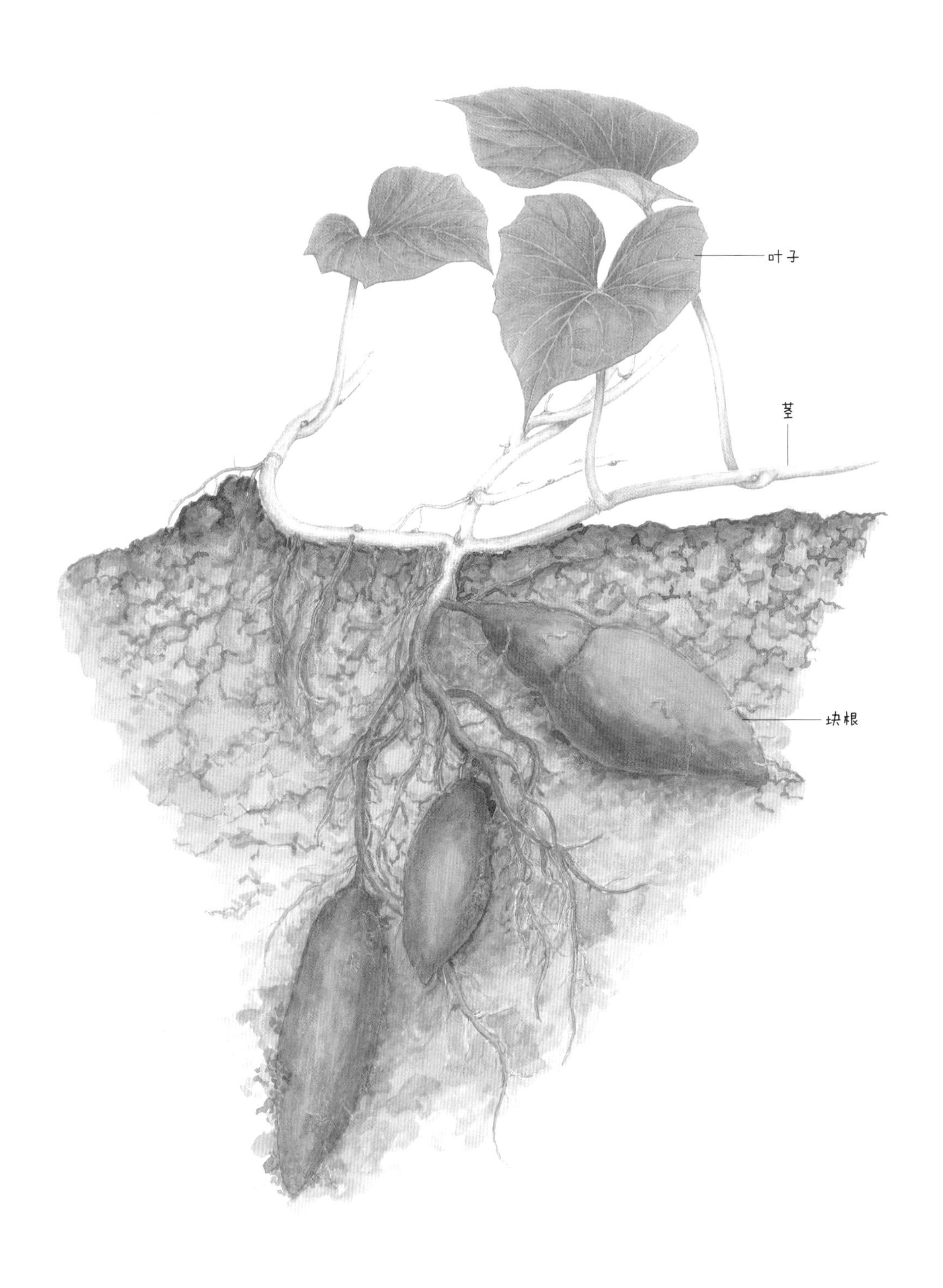
叶子
茎
块根

不难哟。

把杯子或碗中盛满水，再放上发芽的红薯就可以了。过几天，我们就会发现红薯上面长出了漂亮的叶子，一点不逊色于普通的花草植物。

那么接下来，我们更仔细地观察一下红薯吧。红薯的芽并不是四散在各处，而是集中在一边。在芽聚集的地方，会长出很多绿芽。这些绿芽会在前一年茎断掉的地方冒出头来。在绿芽没有长出的地方会布满白色的须根。这跟土豆有着很大的区别。这也证明了土豆是块茎，红薯是块根。虽然形态相似，但实际上土豆和红薯有着很大的差异。

就像块茎一样，块根也承担着供给芽养分的责任。由于块根要积蓄养分，所以它比其他植物的根要粗壮。

还记得我们刚才说的这几种植物吗？记得它们的芽吗？

虎皮百合和洋葱把自己的叶子当作存储营养的芽鳞片。土豆通过粗壮的块茎供给芽养分，红薯则通过粗壮的块根供给芽养分。虽然这些植物的独立芽的形态各异，但目的是相同的，都是繁育后代。就算牺牲一个器官或改变器官的样子，也要为繁育后代做好准备。

每种植物都会运用它的智慧存储养分，并提供给芽。你看到这里有什么感想吗？我们也像植物一样，最终要离开父母独自生活，而且我们也会养育子女。我们会从父母那儿感受到爱，也会将爱传递给自己的子女。

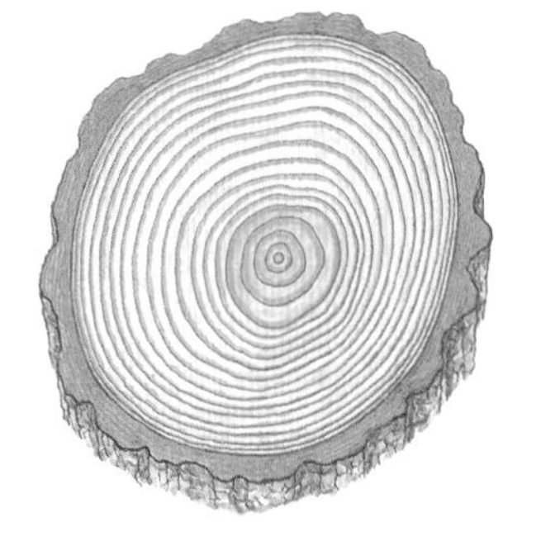

倒下的栗子树的历史
——年轮的故事

年轮上可以发现栗子树无尽的秘密。
历尽千帆、阅尽世事的树，
让我们感到生命不到百年的人类
是一种多么渺小的存在。

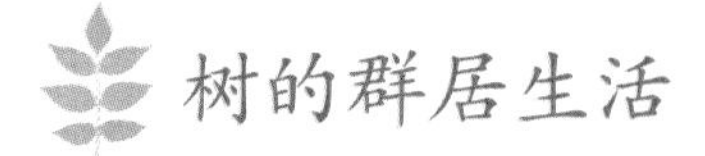

树的群居生活

植物为什么在土壤里扎根,在空气中长出绿叶呢?是为了获取养分。你是不是觉得这个问题的答案太过简单了呢?然而这个简单的答案对植物来说，是很重要的一件事。

我们先从根获得养分的故事开始怎么样呢?对于珠芽、鳞茎和块茎等离开母株生活的独立芽来说，扎根并不是一件难事。它们只要把根伸到土壤里就可以了。

但是对于生长在树枝上的定芽来说，这是十分困难的事情。为了扎根，定芽必须从离地面那么高的地方掉下去，这是它们无法想象的事情。而且它们也不能随心所欲地吸收养分。

怎么做才能解决这一问题呢?我们想破脑袋都找不到解决的方法。然而树的芽很聪明地解决了这一问题。法布尔解释道，树的芽通过“群居生活”解决了这一难题。对于一个人无法解决的问题，如果有超过十名、百名的人聚在一起，一定可以解决这个问题。人类虽然忘记了这一原理，但树却没有。那么，我们来了解一下芽是通过什么方式实现群居生活的吧。

树的内部存在着巨大的疏导组织。这个疏导组织负责输送水和养料，并连接着树根、树干和树枝。所有的芽都不与根相连，所以疏导组织就担负起把芽和

树干的内部

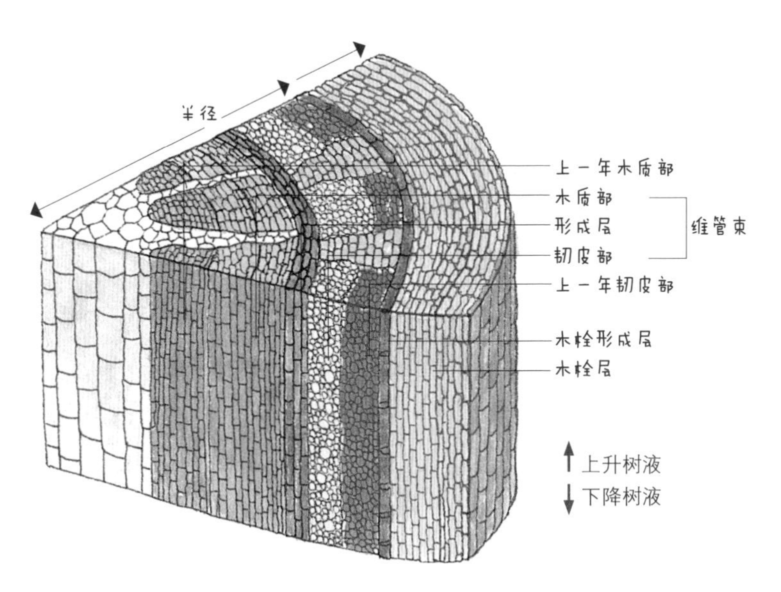

上一年木质部 上一年形成的木质部。
木质部 树干的主要部分，起输导水、无机盐和支持、稳固树木的作用。
形成层 形成木质部和韧皮部的地方。
韧皮部 输送养料的通道，当年形成的韧皮部。
上一年韧皮部 上一年形成的韧皮部。
木栓形成层 制造木栓的地方。
木栓层 这个部分会不断地脱落。

土地连接起来的责任。疏导组织不仅分布在树干上，还分布在树枝上。所以它能够为每个芽提供均等的水和养料。

这个疏导组织看起来只有一种，但仔细观察后我们会发现它是由三种管状组织缠在一起形成的。因此我们称之为“维管束”。这三种管状组织便是木质部、形成层和韧皮部。

位于最里边的是木质部，它包括导管、管胞等许多部分；接下来是形成层；最后是韧皮部，它包括筛管、伴胞等许多部分。韧皮部位于树皮的里边。

树的芽们为了在一起生活，投靠了一个巨大的疏导组织，也就是“维管束”，以便从土壤里吸收养分。通过这种方式，定芽接触到了距它数十米远的土壤。弱小的芽们联合起来做成了一件大事。

上升的树液，下降的树液

之前我们已经提到过，洋葱的独立芽是鳞茎。拥

上升树液和下降树液

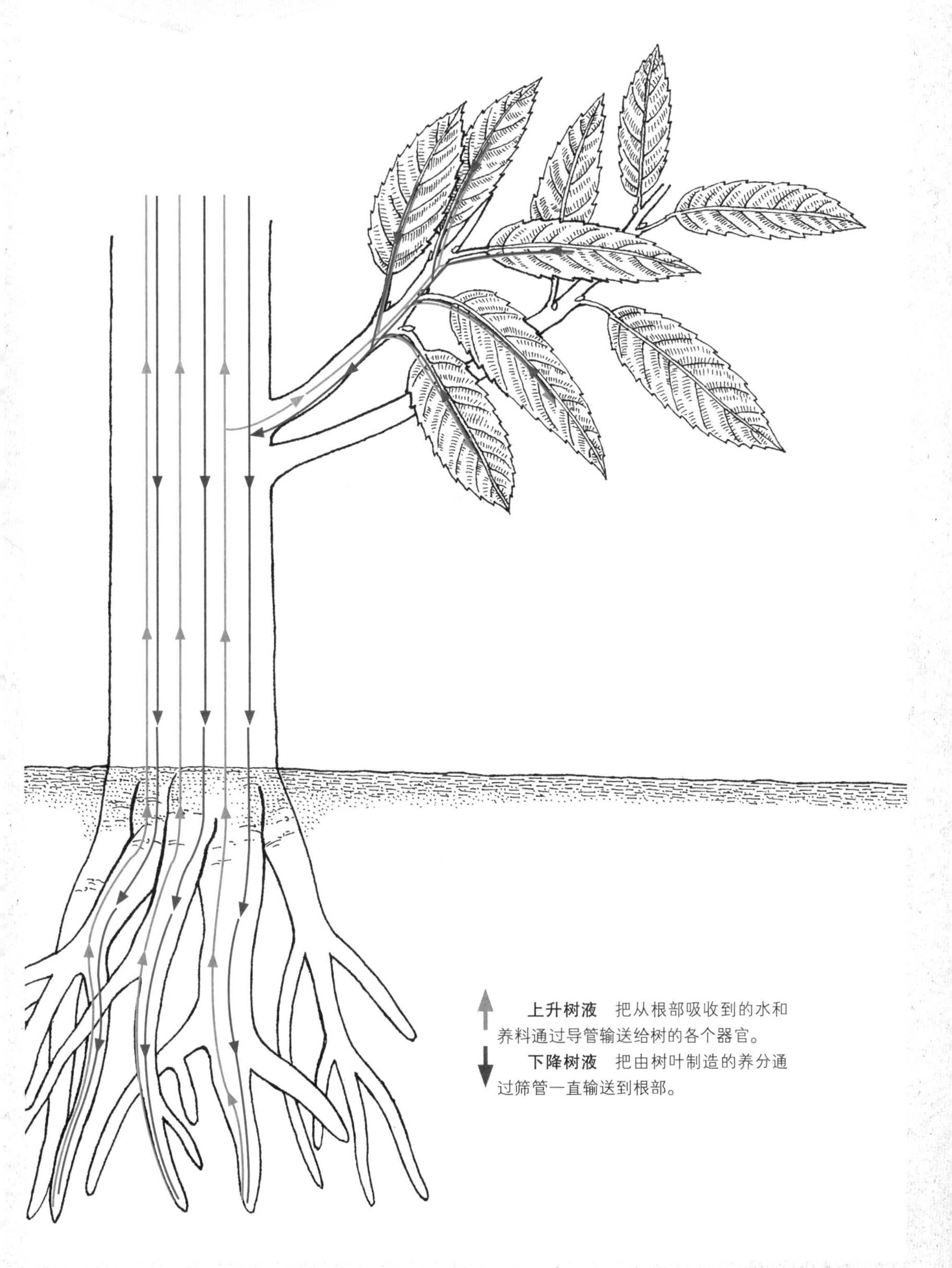

上升树液　把从根部吸收到的水和养料通过导管输送给树的各个器官。

下降树液　把由树叶制造的养分通过筛管一直输送到根部。

有鳞茎的植物总认为自己是植物界的富翁，因为它们依靠自己的财产生活。但是如果把鳞茎埋在离地面一米左右的地方会怎么样呢？鳞茎可能会努力地扎根在土壤里，但离地面太深的话，它只能放弃生存。

与此不同，依靠维管束生存的芽，会通过共同的努力活下去。幸运的是，它们并不需要做很复杂的事情。

芽们很努力地生长，直到长成叶子和树枝。这时树木的内部热闹非凡，富有的芽、贫困的芽、强壮的芽、弱小的芽，生长在粗枝上的芽、生长在细枝上的芽，所有的芽都热火朝天地工作着。芽生产出来的一滴滴液体汇集在一起，把维管束填充得满满的。这些汇集在一起的液体就是树液。芽生产的最好的养料就在树液里边。

树液并不止一类。大树中不仅有从叶子输送到树根的树液，还有从树根输送到叶子的树液。“往上输送的树液”是“上升树液”，“往下输送的树液”是“下降树液”。上升树液是树根从土壤中汲取的水分和养分。它通过导管输送，而不是通过筛管输送。下降树液是叶子生产的养料，只通过筛管输送。

大树中的这两种树液在春天到秋天的时节输送频

率最高。冬季到来时，为了防止树枝和树干冻伤，大树内部只会流动一小部分树液。

形成层和年轮

当导管忙着输送上升树液，筛管忙着输送下降树液的时候，形成层在做什么呢？形成层一直在生成新的细胞，生产新的木质部和韧皮部。每年树枝变长，树木变粗，都是形成层的功劳。由于形成层引发了树木层层变粗的现象，所以又被称为“渐粗层”。

新的木质部长在上一年木质部的外边，而新的韧皮部则长在上一年韧皮部的里边。因此以形成层为界点，韧皮部的部分往外，木质部的部分往里，就是以前形成的韧皮部和木质部。

由于每年都有新的木质部和韧皮部产生，所以导致了一种特别现象的产生，即年轮。年轮的产生，跟木质部有很大的关系。韧皮部与树皮关系密切，它会随着树皮脱落。即使是同一年产生的形成层的木质部

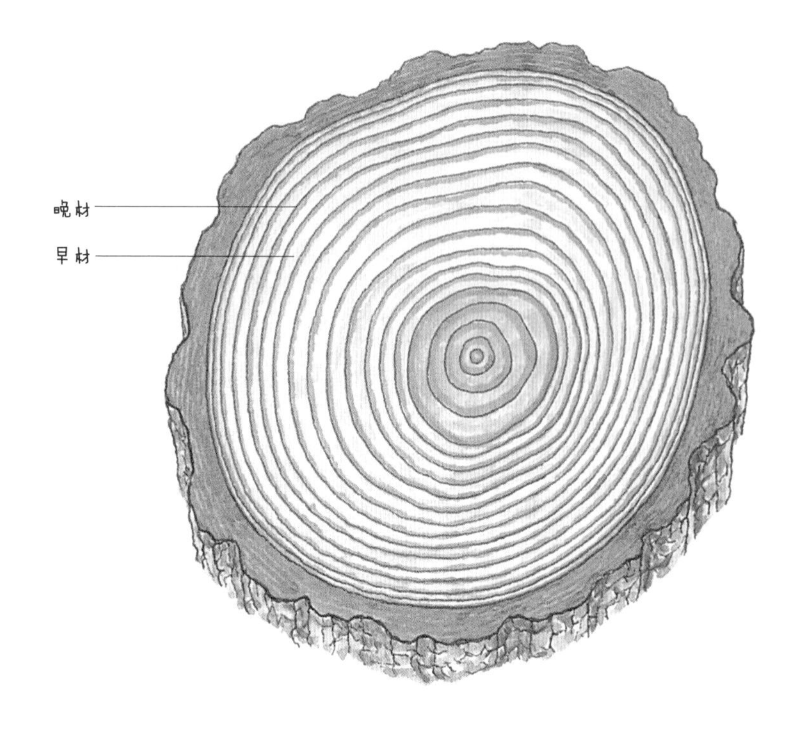

细胞，也会根据季节和环境的不同而表现出不同的形态。春夏两季光照和水分较为充足，这时产生的细胞较大。所以木质部的颜色很浅，材质显得疏松。这一部分被称为“早材”。

与之相反，秋季和冬季的光照和水分不够充足，因此形成的细胞较小。而木质部的颜色也较深，材质显得紧密、坚实。这一部分被称为“晚材”。每年的秋冬两季形成的这种木质部，由于颜色较深，所以看起来像是圆环一样。由于它每年只长出一个圆环，所以我们可以用它来判断树的年龄。

那么在没有秋季和冬季的热带地区，树木是什么样的呢？在热带地区，由于光照和水分常年十分充足，形成的木质部细胞也很大。也就是说，不会出现深颜色的圆环。所以，热带地区的树没有年轮。

年轮还可以为迷路的人指明方向。因为年轮上的圈根据南北方向的不同，宽度也有所不同。北半球大部分的年轮都是朝北方向的部分较窄，朝南方向的部分较宽。因为南面的光照十分充足，所以形成的木质部细胞相对较大，导致年轮的宽度比较宽。相反，北面的年轮宽度较窄。

年轮是树木的历史

下图图片是一棵小橡树树干的横切图。从树干的中间到最外侧一共有 6 个圈，所以这棵树的树龄是 6 岁。

所有的树干和树枝都有年轮。树干的年轮从树干生长的那一年开始出现；树枝的年轮从树枝生长的那

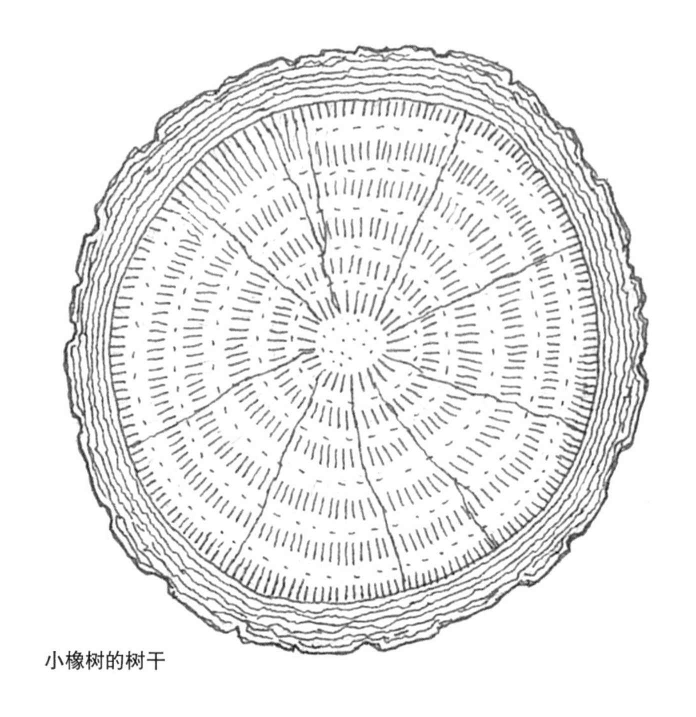

小橡树的树干

一年开始出现。特别是通过树的底端，也就是离树根最近的树干部分，我们可以推测出树的年龄。所以，如果想要了解树的年龄，我们最好数这个部分的年轮。

人人都可以通过年轮了解树的历史。希望大家也有这样的机会。法布尔是通过什么样的方式来了解树的年龄的呢？

有一天，法布尔见到了一棵特别的栗子树。这是棵一大早就被伐木工用斧头砍倒的树。

看到曾经高大耸立的栗子树轰然倒在地上，法布尔心里十分难过。他走近栗子树悲伤地看着树干，然后开始思考它所经历的历史。

“这棵栗子树出现在 1800 年,到现在已经 70 岁了。如果是人的话，这个岁数已经很大了，但对于栗子树来说这个年纪并不大。如果不是伐木工砍倒了它，它应该还能活 500 年或 600 年。

“观察这棵栗子树，可以看出，刚开始的几年它长得很好，十分笔直粗壮。这边的土壤应该也很好。但幸福并没有持续太久。由于树根把周围土壤的养料全部吸走了，所以它不得不伸到更远的地方去寻找食物。左边的土壤中有很多石头，所以根很难伸到左边。没办法，这一边只好挨饿了。这里能看到营养失衡的黄色痕迹。但不久之后，栗子树又重新恢复了健康。

“右边也有细微的痕迹。嗯……这应该是它跟旁边的橡树争斗的痕迹。也许是为了获得更多的光照，也许是为了把根伸到更好的地方，它们展开了争斗，但最后栗子树赢了。也许是出现了台风，也许是橡树的主人把它砍掉了，总之橡树被连根拔起了。于是这里

又重归和平。

“在结果的时候，栗子树应该很费劲吧。为了生产果实，栗子树倾尽了它所有的养分，所以这一年的年轮看起来要小很多。如果是这样，栗子树很难每年都结果实呢。所以，它每结一次果，就休息三年。为了再次结果，栗子树需要三年的时间使身体更加强壮。

“有的年份十分干旱，也有的年份冬季特别寒冷。这里的树皮最下边的一层就是冻伤留下的痕迹。对了，我记得 1829 年和 1858 年的冬天特别冷，以至于飞在天空中的乌鸦都被冻得掉了下来……”

为了找出栗子树无穷无尽的秘密，法布尔一直仔细观察着年轮。这对栗子树来说，是不是一种安慰呢？因为法布尔可以看透它那不能说话的内心，对它的生活十分关心。

年轮所记录的事实

栗子树的故事讲完了，但是疑问也产生了。法布尔是怎么知道栗子树身上发生了什么事的呢？

首先，法布尔提到栗子树出生于1800年，树龄是70岁，应该是数年轮得出的结论。从栗子树被砍的那一年开始，一直可以数到栗子树刚发芽的那一年。

接下来，“刚开始的几年它长得很好，十分笔直粗壮”，这是因为年轮的中间部分比较均匀。如果周围的环境不好，年轮会表现出一边宽一边窄的形态。如果年轮出现这样的形态，也许是因为树根所处的土壤不好或者树根遇到了石头；也许是旁边的树阻挡，导致它无法往外伸展树枝；也有可能是旁边的树遮住了阳光，导致叶子长势不好。同样的，栗子树的年轮重新变得均匀，表明它所处的环境变好了。

如果栗子树结栗子的话，那么那一年的年轮宽度就会跟以前不一样。如果年轮的宽度较窄，表明那年结了很多栗子；如果年轮宽度较宽，表明那年栗子树结的栗子很少，甚至没有结栗子。因为当树结了比往年多很多的果实时，就无法供给树干足够的养料，使得这一年树干生长较慢，导致年轮变窄。为了积蓄力量，树木在一定的时间内不会结果。而这时，年轮的宽度又会重新变宽。

干旱的时候，年轮的宽度也会变窄。因为树根无法吸收到充足的水分和营养。而冬季来临时，由于冻伤，树的细胞死亡，导致年轮之间的颜色变浅甚至出现腐烂的部分。这是可以用来证明当年冬天以及来年天气十分严寒的有力证据。通过这种方式，法布尔解开了栗子树的秘密。

 历史悠久的大树们

法布尔怀着焦急的心情望着栗子树，断言它还能活 500 年或 600 年。这可不是夸大其词。树可以活几百年甚至几千年，因为树木每年都会长出新的形成层。虽然树干的内部每年都有老死的部分，但有形成层存在的外部反而很年轻。还记得在建造金字塔的时候就存在的红海珊瑚的故事吗？树木也不逊于珊瑚，可以活很长时间。下面我们来看一下法布尔介绍的“历史悠久的大树们”吧。

在法国诺曼底附近的阿鲁维尔，有一棵被用作教

法国诺曼底 阿鲁
维尔 橡树

堂的橡树。1696 年一位牧师在橡树的内部建造了一座圣母教堂。在这棵树的树枝上，也就是教堂的二楼，还设有供教徒祈祷的房间。

教堂甚至还有一座小钟楼。树根部的周长达 10 米左右的这棵树已经有 1200 年的历史了。这棵古老的橡树虽然必须由钢架支撑才不至于倒下，但至今仍会生出新的树枝，长出嫩绿的树叶。虽经历过雷劈，它仍然顽强挺立，独自珍藏着流逝的岁月并淡然地面对未来的时光。

在意大利半岛的南部，地中海海域的西西里岛，有一座活火山——埃特纳火山。生长在这座山山脊处的欧洲板栗树可以说是世界上最大的一棵树。它还有一个名字叫“百马树”。16 世纪阿拉贡的一位女王率领军队并带着一百匹马来到树下避雨，百马树由此得名。这棵树的周长约 58 米，30 个成年人手拉手也无法合抱过来。这让人感觉抱的不是树，而是堡垒或者塔。这棵树的年龄超过了 3000 岁。在法布尔生活的年代，还可以看到这棵生机勃勃的树，而现在我们已经看不到它了。人们经常剥下它的树皮，为了制作可以带来运气的符咒，这成为它死亡的原因。

美国加利福尼亚内华达山脉的山脚下，生长着成群的参天水杉。即使小的水杉，周长也达 3 米左右，大的水杉周长则达到了 9 米。水杉的高度超过了 90 米。它们可以称得上是植物界的恐龙。然而这些水杉却没有得到前来淘金的人们的尊重。

有一天，几个人来到这里，用锯和斧头砍倒了一棵巨大的水杉。这棵水杉的直径超过 9 米，虽然树倒下了，但只有借助梯子才登得上它的树干部分。如果完整剥下该树 7 米左右的树皮，就可以造一个宽敞的房间，里边可以放置一架钢琴和 40 把椅子。还可以容纳 140 个孩子玩耍。更让人吃惊的是，这棵水杉的年轮完全没有坏掉，十分清晰，数完后发现它的年龄超过了 3000 岁。3000 年前，正是《圣经·旧约》里参孙生活的时代。

西非塞内加尔的猴面包树在 6000 年前就开始生长。猴面包树在当地的语言中是“千年的树”的意思。和猴面包树相似的是龙血树，它也能活很长时间。位于加那利群岛奥罗塔瓦的龙血树也有 6000 年的历史。

红豆杉也是可以活很长时间的树。苏格兰福廷格尔红豆杉是欧洲年龄最大的树，树龄超过 2000 岁。

中国地大物博，千年古树有很多，例如，历溪村的古樟树，树龄上千年，依然健康硕大。这些古树经历岁月的洗礼，有的依然生机勃勃。

马达加斯加的猴面包树

猴面包树看上去就像一个酒桶，它以树形高大著称。该树主要分布在非洲地区，当地人把猴面包树视作神圣之树。他们经常在树上挖洞，以便居住或者安葬去世的人。

历溪村的古樟树

这棵树的树龄在1300岁左右。树高约67米，周长约为14米。

中国树龄超过千年的树

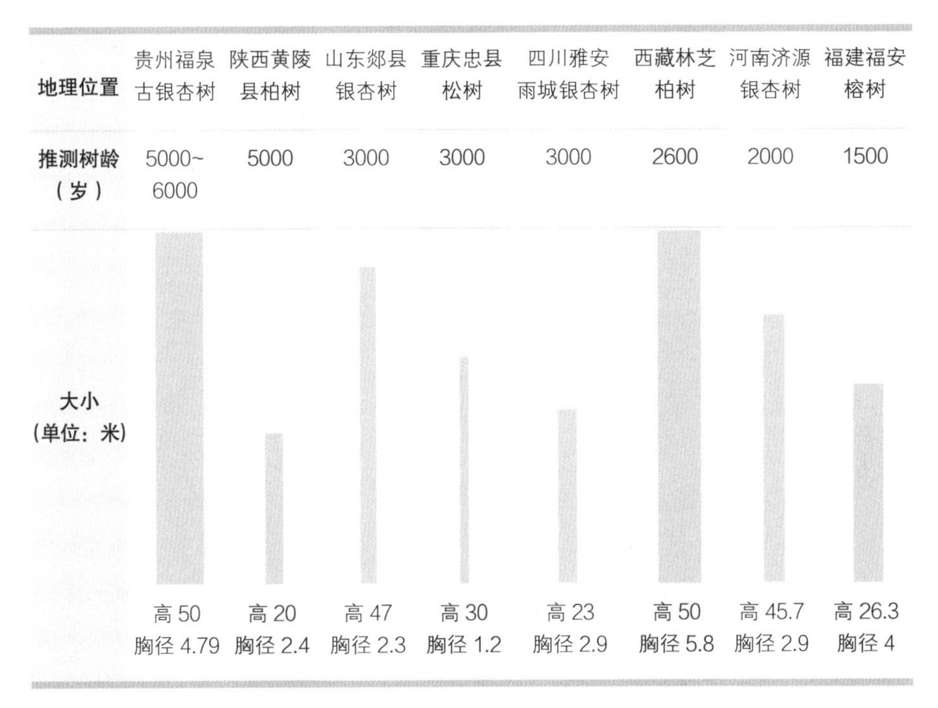

地理位置	贵州福泉古银杏树	陕西黄陵县柏树	山东郯县银杏树	重庆忠县松树	四川雅安雨城银杏树	西藏林芝柏树	河南济源银杏树	福建福安榕树
推测树龄（岁）	5000~6000	5000	3000	3000	3000	2600	2000	1500
大小（单位：米）	高 50 胸径 4.79	高 20 胸径 2.4	高 47 胸径 2.3	高 30 胸径 1.2	高 23 胸径 2.9	高 50 胸径 5.8	高 45.7 胸径 2.9	高 26.3 胸径 4

历尽千帆、阅尽世事的树，让我们感到生命不到百年的人类是一种多么渺小的存在。

这些树以后能活多久呢？也许会活几百年，甚至有可能活上千年。但要基于以下前提：人们不要因为自己的私心打扰它们的生活。因为私欲打扰它们，也许会使这些树重历埃特纳火山百马树的遭遇，成为历史。

5

一片子叶的差距

虽然同为高等植物，

但双子叶植物却比单子叶植物更高级。

“蔬之将善，两叶可辨”，

子叶区分着植物不同的发展道路。

为什么一定要知道双子叶植物和单子叶植物呢

任何植物都是地球所需要的，所以植物之间的地位应该是平等的。但人类却不这么认为，特别是植物学家经常把植物分为低等植物和高等植物。人们甚至认为给植物分类是一件很重要的事情，因此诞生了一门学科“植物分类学”。这门学科按照植物之间的相同点、不同点和相互联系对植物进行了整理分类。

为什么植物学家这么喜欢这样给植物分类呢？因为植物的种类实在是太多了。再厉害的植物学家，也没法把超过30万种的植物的名字、特性统统记清楚。但如果对它们进行分类，即使不去特意查找这30多万种植物，我们也可以轻松地找出某种植物的特性。

如果了解了植物的特性，我们就可以很快知道培养该种植物时需要的水、阳光、温度和肥料的多少。不仅如此，掌握植物特性还能在大量繁殖该植物或研究新的物种等方面提供帮助。

还有一点，根据国家和地区的不同，同一种植物

的名称也不同，所以植物需要一个全世界相统一的名字。这个名字又叫“学名”，在为植物起学名的时候也需要植物的分类。人们按照国家、民族、城市、小区、道路和家庭的方式分类，为地理位置贴上名字、号码和地址等标签。正因为这样，人们可以很容易地找到想要去的地方。为植物分类和起名字也是基于这样的原因。

法布尔生活的那个时代，区分植物最重要的依据便是维管束。虽然现在除了“有无维管束”，我们还按照“能否独立进行光合作用”“植物开花后会不会结果”“有几片子叶”“有没有叶子、茎、根”“有无子房”等对植物进行分类，但区分高等植物和低等植物的最重要依据仍然是维管束。

为什么维管束会成为区分高等植物和低等植物的依据呢？藻类植物（不分根、茎、叶，通过孢子进行繁殖的植物）没有维管束，所以被称为低等植物，们生活在水中。由于它们的身体全部浸在水中，所以它能轻松地吸收养分。

藻类植物虽然也有根，但除了能支撑整个植物外，它没有任何作用。不过生活在陆地上的植物，为了生

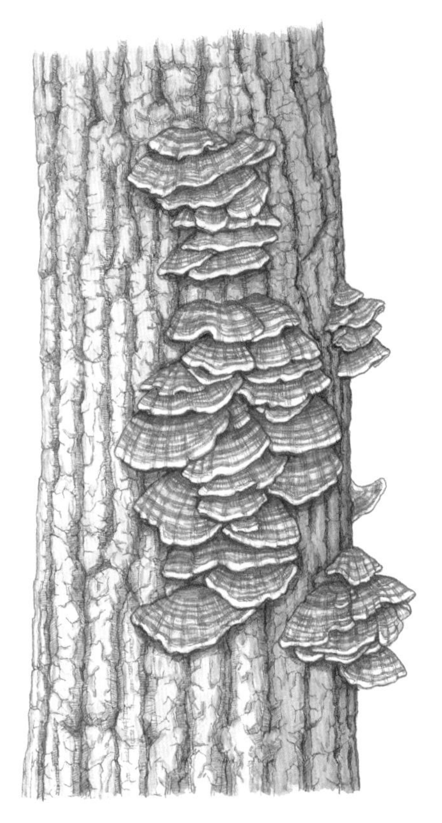

在死去的树木上长出的云芝

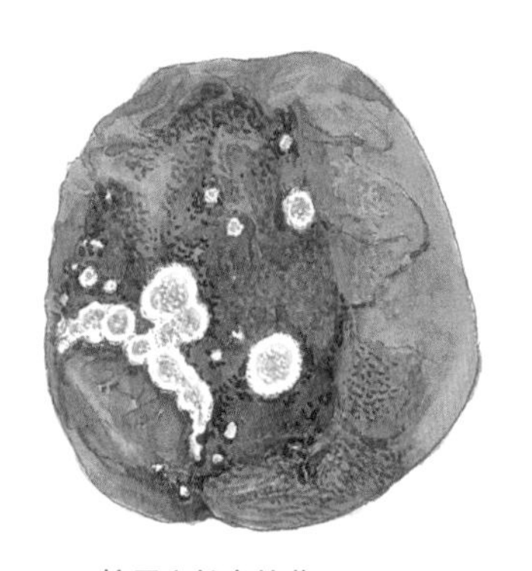

柿子上长出的菌

存不得不进化发展成更复杂的模样。由于暴露在没有水分的大气中，所以陆地上的植物必须保证体内的水分不会流失，还要在狂风暴雨等险恶的环境下生存下来。而且植物的根要把吸收到的水分和养料均等地分给植物的各个部分。想要满足这些条件，植物身体中必须有维管束才可以。因此，植物从没有维管束发展到有维管束，是适应周围环境的结果。所以只有有维管束的植物，才是高等植物。维管束成为判断植物等级的依据。

法布尔生活的时代把蘑菇和菌类归为低等植物，而现代则把它们单独归为一类。

但是低等植物并不意味着该植物不完整或者不必要。低等植物虽然生长在石头或垃圾等其他植物不屑一顾的地方，但它们有着不逊于高等植物的作用。

例如，在石头上生活的地衣类植物会使石头碎裂，把石头变成松软的土壤。依附在树皮上生活的苔藓植物也有着一样的功能。如果没有它们，死去的动物和植物将无法被分解，所以法布尔曾说，低等植物是地球上不可或缺的开拓者和环境美化者。

苔藓

苔藓植物不开花，通过孢子进行繁殖。

两栖植物

两栖植物也同苔藓植物一样不开花，在叶子后面长出孢子进行繁殖。

两栖植物的孢子

另外，还有一种植物处在高等植物和低等植物的中间，那就是两栖植物。考虑到两栖植物不开花，通过孢子繁殖，故我们把它看作隐花植物（不开花，利用孢子进行繁殖的植物），也就是低等植物。但考虑到两栖植物具有根、茎、叶和维管束，我们也可以把它当作高等植物。所以我们又把两栖植物称作高等隐花植物。

双子叶植物的领先技术

不管是法布尔生活的时代，还是现代，人们都把维管束作为区分高等植物和低等植物的标准。只有植物具备了维管束，它才是高等植物。

虽然同为高等植物，但是双子叶植物比单子叶植物看起来要高级。在整理维管束的技术、子叶的数量、有无花萼、叶脉的形状、根的形状和花瓣的数量方面，我们认为双子叶植物要比单子叶植物领先一步。现在来一个个地仔细看一下吧。

首先，双子叶植物整理维管束的技术十分先进。它按照圆形的模样一层层地整齐整理维管束。例如南瓜、白菜、土豆、芸豆、桃树和喇叭花，都是个中高手。

而橡树、栗子树和银杏树等多年生植物除了具有这种技术，还有其他的技术，那就是填充茎的内部的技术。如果把它看作人类的建筑，我们应该怎样称呼它呢？由于是发生在植物内部的事情，我们可以将它称为“室内建筑”。

双子叶植物的“室内技术”是在已有的维管束圈中间填充新的维管束，以减少空隙的技术。所以第一年生的维管束会随着时间的流逝，变得越来越紧密。树木之所以能活很长时间，多亏了这种技术。

双子叶植物中，在一年生的草或刚开始发芽的小树枝的内部，已经具备了心材、木质部、形成层、韧皮部、表皮等组织。等到树的茎部长得更结实时，它的内部会形成更完整的结构，如形成完整的心材、木质部、形成层、韧皮部、木栓形成层、木栓层等。这一部分的作用，将在下一章讲到。在这里我们先来了

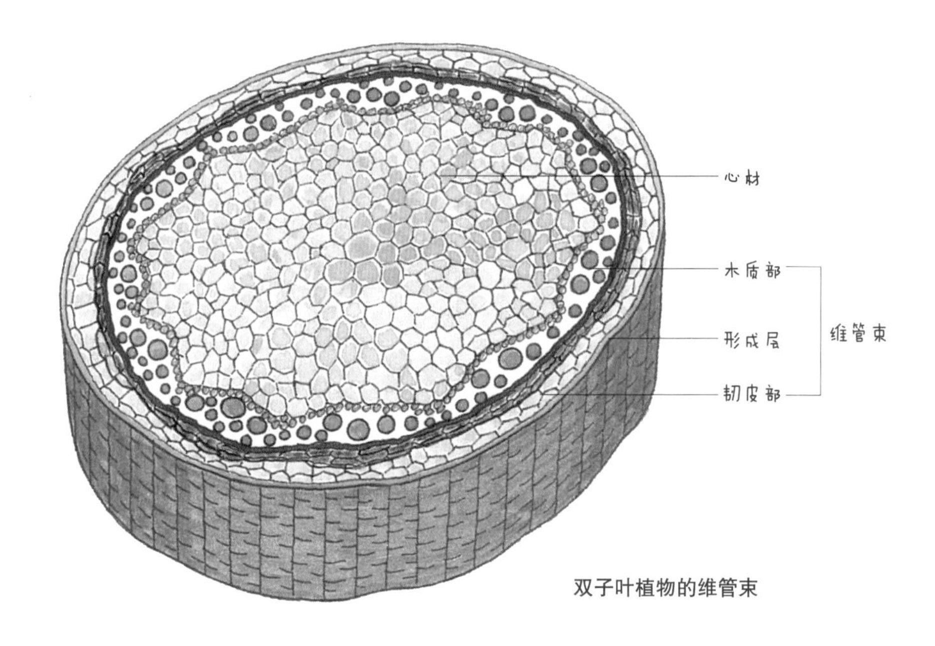

双子叶植物的维管束

解形成层。

在树的“内部建筑”工程中，形成层是工作最努力的部分。它不停地制造新的木质部和韧皮部。形成层、木质部和韧皮部以外的组织工作就没有那么努力了。特别是心材，什么事情都不做，因此会逐渐变得坚硬。

法布尔将形成层称为“不断有死去，不断有新生的部分”。随着时间流逝，茎的内部会逐渐老死，而离形成层较近的部分会经常长出新的组织。这也是树能屹立数百年甚至数千年不倒的原因。

对此你不感到吃惊吗？只有小手指般大小的茎也有这么复杂的组织……但是只凭这一点，我们还不能称之为树。为了让树木在第二年、第三年也表现出正常的样子，茎部会一直勤勉地劳动，从不偷懒。

等到春天到来时，树木便会长出新的叶子。这在人们看来是很正常、理所当然的事情。但对树木来说，这只是为了表示茎的内部的工作开始了而已。每年只有这种内部工程开始运作，才使树木得以长大成材。

而单子叶植物虽然也有维管束，但整理内务的能力远不及双子叶植物。它们会将东西随便放置在维管

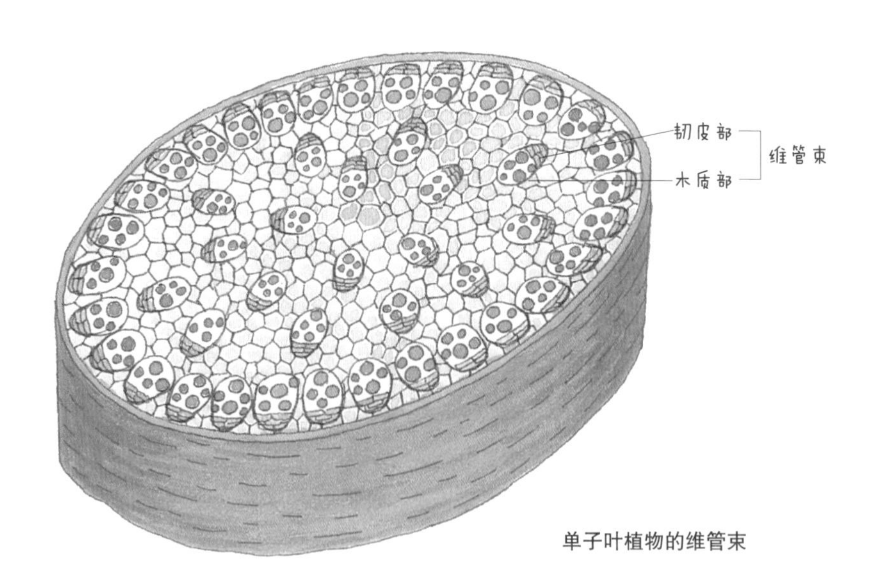

单子叶植物的维管束

束里。由于茎部没有形成层，所以导致茎部很粗壮。芦苇、水稻、大麦、茅草、玉米、狗尾草、百合、风信子、椰子树等都属于这类植物。

与双子叶植物的“内部建筑”工程相比，单子叶植物的“内部建筑”工程相当简单。树皮和心材部分的构造不仅十分简单，而且很难区分。单子叶植物的茎虽不会变得坚实，但会长得很高。

蔬之将善，两叶可辨

植物最宝贵的东西是什么呢？是种子。沉睡中的胚芽就在种子里边，它的周围被丰富的营养所环绕。

双子叶植物和单子叶植物这两个植物种类，种子里边的子叶也各不相同。就像“蔬之将善，两叶可辨”的俗语所说，两个植物种类，从子叶开始就走上了不同的道路。

双子叶植物的种子不管大小，里边一定为胚芽准备了两片子叶。它们把准备两片子叶当成理所当然的事情。即使针尖大小的种子也一定要有两片子叶。生菜、芝麻和向日葵听到这些话大概也会点头表示赞同。

单子叶植物的子叶

而水稻、大麦和小麦等单子叶植物不仅不整理维管束，甚至对种子也漠不关心。它们没有心思为种子准备两片子叶。虽然名字是单子叶植物，但仔细观察后，我们会发现它们甚至没有为种子准备子叶。子叶储备着种子发芽所需的养料，单子叶植物发芽后的第一片叶子并没有养分，所以称之为嫩芽更为贴切。为了把这种只长出一片叶子的植物同双子叶植物区分开来，我们称其为单子叶植物。

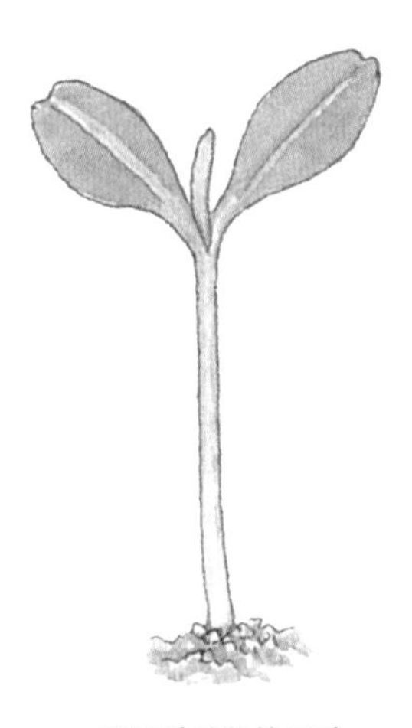
双子叶植物的子叶

有花萼的玫瑰，没有花萼的百合

除了子叶，单子叶植物还有其他方面不如双子叶植物。

我们通过双子叶植物玫瑰和单子叶植物百合科的萱草为例来看一下吧。

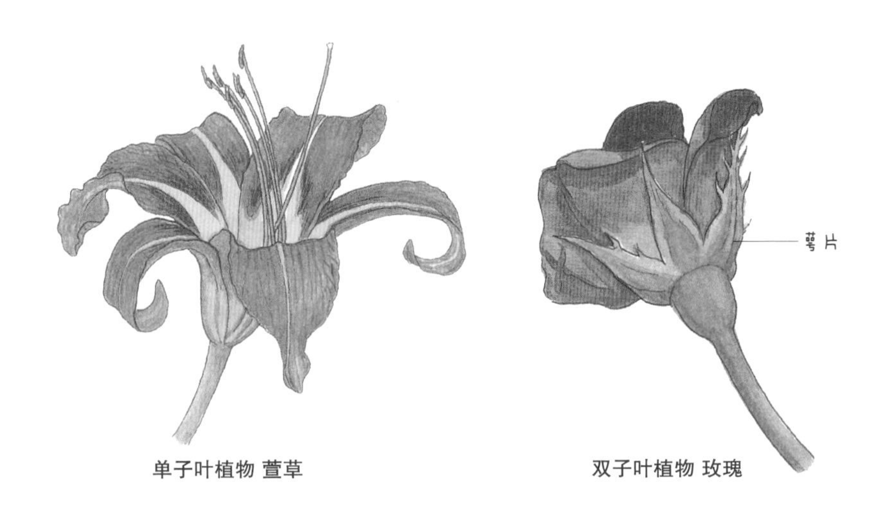

单子叶植物 萱草　　双子叶植物 玫瑰

双子叶植物玫瑰通过花萼来保护柔软娇嫩的花冠。花萼对保护花朵十分有利。然而单子叶植物萱草只注意打扮花冠，并不注重保护花冠。

不只是花萼。单子叶植物对叶子的维管束——叶脉也漠不关心。双子叶植物栎树的叶脉像网一样清晰分明。这样的叶脉叫作网络脉，它能承受强风的侵袭。但是单子叶植物香蕉的叶脉只是呈现纵向的分布。这种叶脉叫作平行脉，它很难抵抗强风的侵袭。

单子叶植物香蕉的叶脉

双子叶植物栎树的叶脉

双子叶植物和单子叶植物的比较

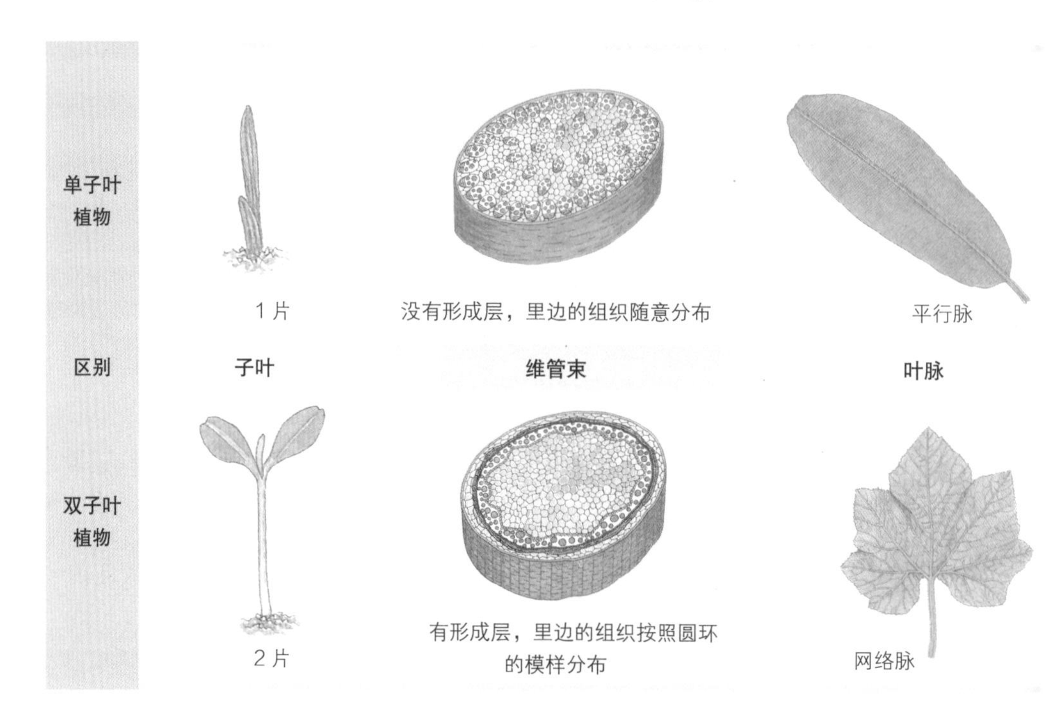

每个生命体都是完整的

既然单子叶植物在这些方面比不上双子叶植物，我们可以说它们是不完整的吗？我们可以说低等植物不如高等植物吗？法布尔对此持否定的态度。

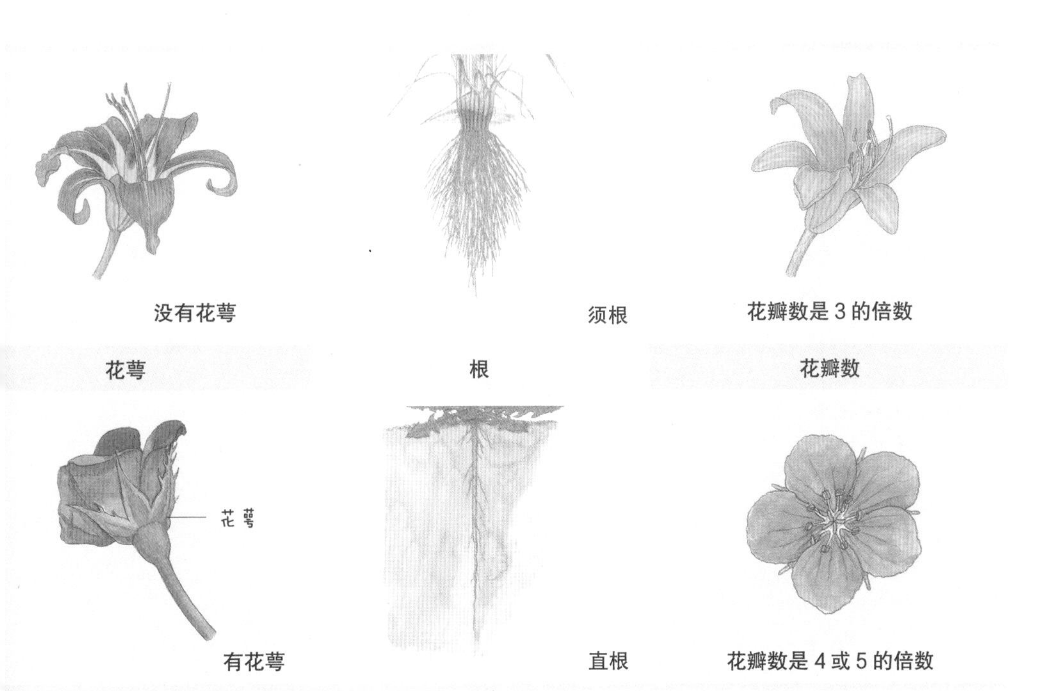

他认为所有的生命体都是完整的。那么原因是什么呢?

大自然中出现的生命体，是经过数亿年演化的，是适应气候和环境的最完整的生命体。不管是单细胞植物，还是多细胞植物；不管是单子叶植物，还是双子叶植物，所有的植物都以最完美的面貌出现在大自然中，并存活至今。

我们从地质学的角度来看一下很久以前的植物吧。很久以前的生命体只有生活在水中的藻类植物和依附在石头上的地衣类植物。这些植物几乎都不会再进化发展，直到现在它们还保持着以前的样子。

随着时间的流逝，大自然中出现了具有维管束的植物。而后又出现了没有子叶的无子叶植物，也就是双栖植物。然后，地球上又出现了松树、冷杉和雪松等裸子植物，接着出现了双子叶植物和单子叶植物等被子植物。

在长久的岁月中，地球上出现了各式各样的植物。最先出现在地球上的是藻类和地衣类等低等植物，越往后，出现的植物越复杂、越高等。低等植物和高等植物相比，肯定是高等植物更复杂。但这并不意味着高等植物更珍贵、更完整。因为长久以来伴随着地球而生的低等植物也有着不可忽视的重要作用。

那么大家对哪个时代最感兴趣呢？在地质学家的

帮助下，我们去单子叶植物生活的时代看看怎么样呢？那个时期的气候属于热带性气候，所以地球上的植物也是现在位于热带地区的植物。

现在榉木或橡树生长的地方，曾经有着巨大的湖泊和火山。这里还生长着茂盛的椰子树，就像巴西的原始森林一样。

时间如流水。紧接着地球迎来了复杂的气候。椰子树和那个时期的动物都受到了挑战。有很多植物和动物都消失了，又有很多其他的植物和动物出现了。而与之前出现的植物相比，这些植物肯定要高级得多。最后出现的植物也一定是最适应自然的，也就是现在的植物了。

从这点来看，我们现在所看到的每一棵草、每一棵树，都是经过大自然精心雕琢后的艺术品。所以我们怎么能随意对待它们呢？把有着美丽的心材和维管束的树枝随意扔到火里，世界上没有比这更悲哀的事情了。

法布尔曾说，每当看到木柴被投进熊熊烈火中，他都能看到树的眼泪，听到树的悲鸣。也许这句话太过于煽情了，但是想想绿树每年都用艺术家般的手艺制作的年轮，我们就能理解法布尔的心情了。与人类的历史相比，很多植物在地球上生存的时间要更长。

植物的历史

植物经过长时间的进化发展，变得越来越高级。

最初的植物是苔藓植物。经过数亿年的演变，现在的大自然中生长着有维管束的植物、两栖植物、裸子植物、被子植物等数万种植物。

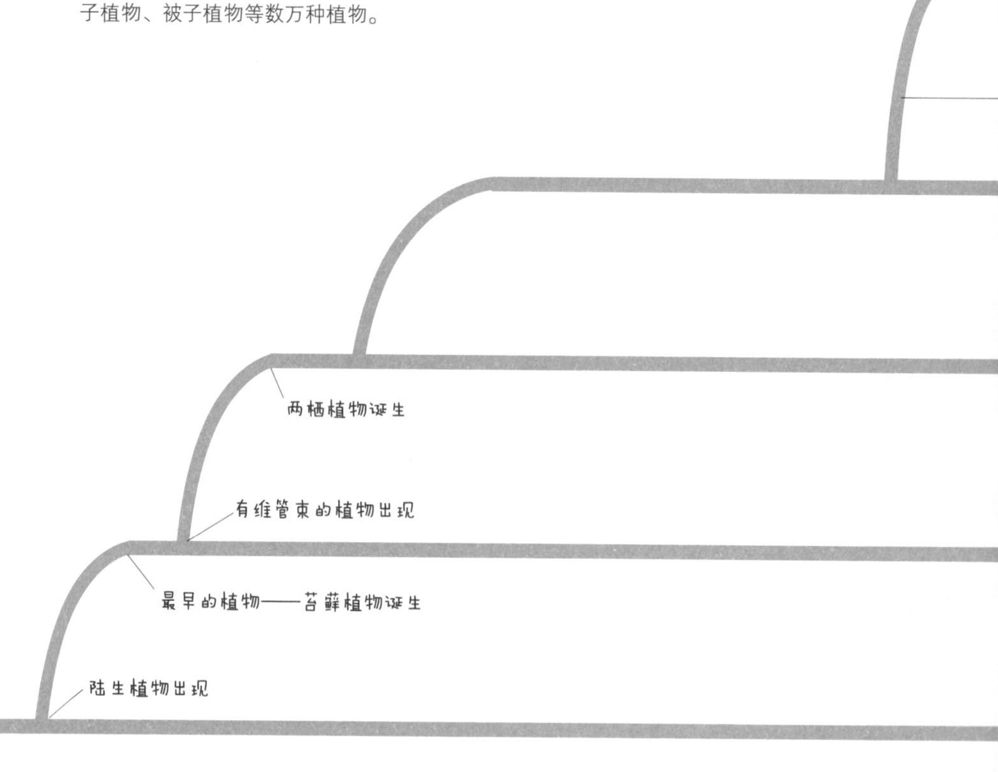

而想到这些植物的智慧，我们也不会忍心把树枝任意投到烈火中毁掉它们。

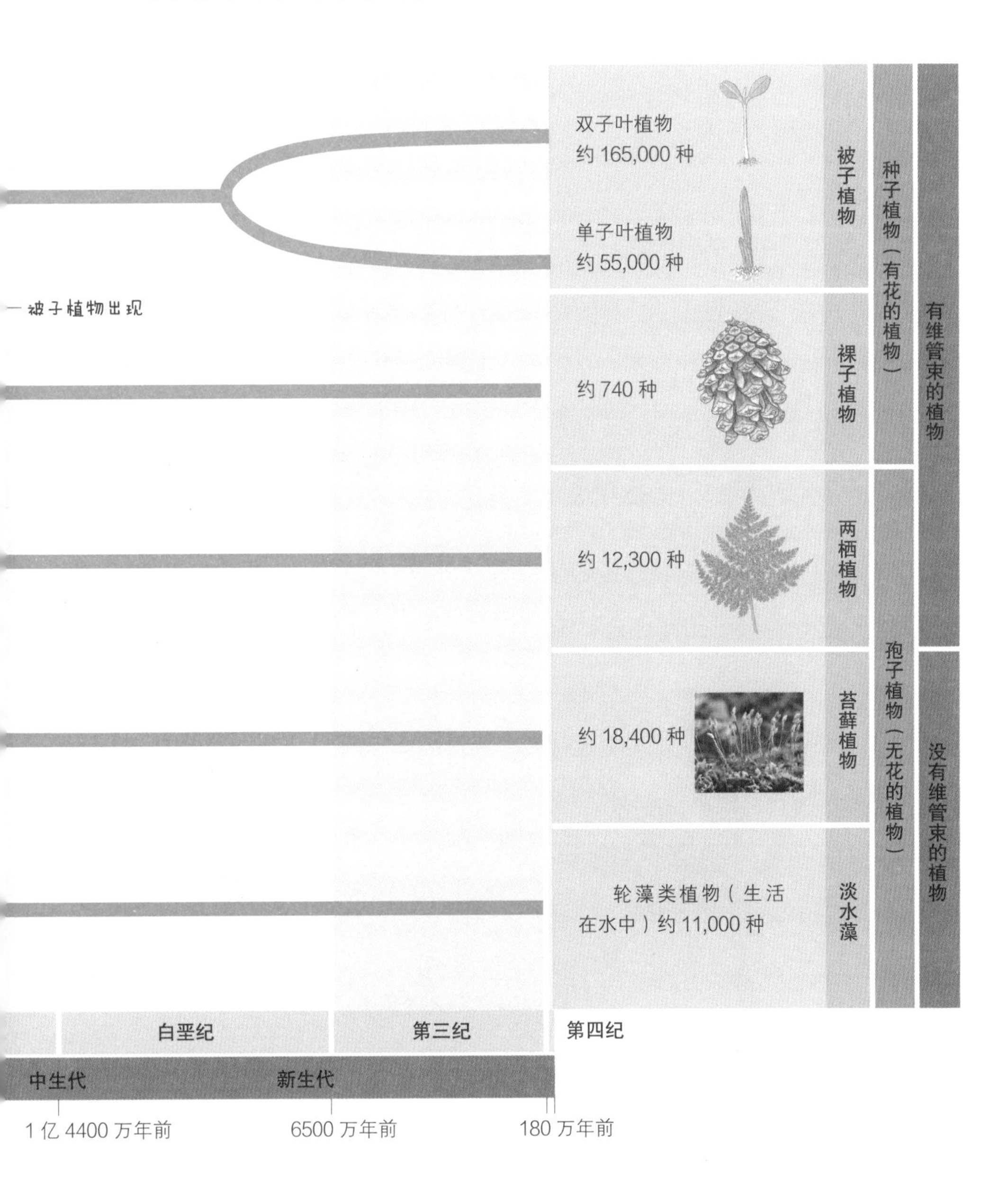

6

大树的外衣——树皮

树皮就是树的外衣。

树皮既能抵御外部雨水对树的侵袭，

也能保护树木内部的水分，

而且还能抵御严寒酷暑，

以及外界对树木的其他伤害。

大树的衣服——树皮

动物的外衣是毛。每种动物毛的长度、颜色和花纹都各不相同，但它们都起着保护皮肤和保护内部器官的作用。树木也有外衣，那就是树茎最外边一层的树皮。学者们把树木的“树”字和皮肤的“皮”结合起来，于是就有了“树皮”一词。树皮的种类不同，味道和颜色也有所不同。

讲到这里，我们再来回忆一遍树干的内部结构是怎样的。树干最里边是木质部，也就是以后成为木材的部分。接下来是形成层、韧皮部。韧皮部的外边是木栓形成层和木栓层。从最外层往里，树干的内部依次是表皮（只在树的幼年期出现）、木栓层、木栓形成层、上一年韧皮部、韧皮部、形成层、木质部、上一年木质部。

现在我们来一个个地了解它们吧。位于树皮最外侧的“表皮”只由一层细胞构成，虽然很薄，但对保护年幼的树干很有帮助。等到树干长大后，这层外衣会从树木上脱落。所以法布尔把它称为幼树穿的童装。因为树只在小时候穿它，等到大了就会脱下不再穿了。

当脱下这层外衣后，大树还为自己准备了更结实的外衣。那就是“木栓层”。所有的树上都有木栓层，它是由褐色的细胞组成的海绵一样的组织。木栓层不仅坚韧结实，而且弹性十足，是一件不可多得的外衣。

人们自然不会忽视这种材料。熟知木栓层可以抵挡湿气和寒冷的人们，把它用在鞋底或贴在去北极的船的内部。

水手们从树木身上学到了如何抵御北极的严寒。

木栓层之所以能阻止湿气和寒冷的侵袭，是因为木栓层细胞的性质。木栓层的细胞呈现层层堆积的形态，其中木栓层的内部堆积的是死去的细胞。这些细胞的细胞壁上的木栓质起到了阻止水和空气侵袭的作用。

木栓层经常被用到阻挡器上，但并不是所有树木的木栓层都能用到阻挡器上。只有类似栓皮栎的木栓层才能应用到阻挡器上。

栓皮栎树皮

桦树树皮

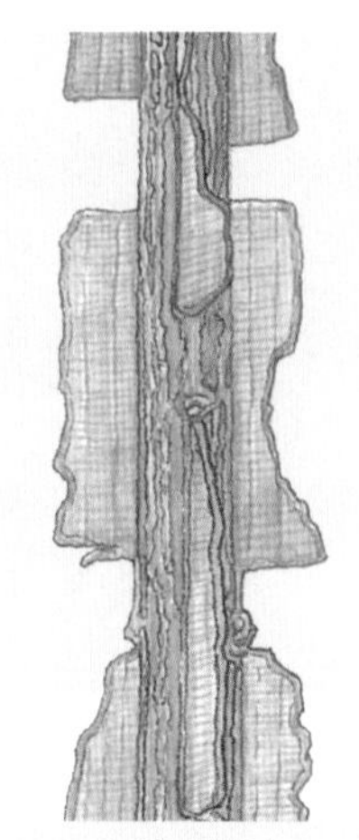
鬼箭羽树皮

树皮的不同形态

如果剥掉栓皮栎的外衣——木栓层，树还能活下去吗？没关系的。因为栓皮栎会形成新的木栓层。栓皮栎在 10 年中能生产约 150 年的木栓层。

但并不是所有的树木都有可以抵御北极严寒的木栓层。有的树木只穿了一层薄薄的外衣，也有的树木没有制造木栓层的能力，因此它们使用别的组织来代替木栓层。

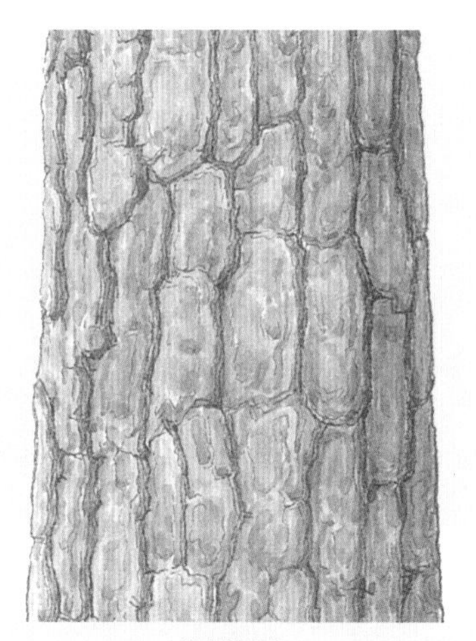

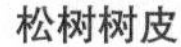

松树树皮

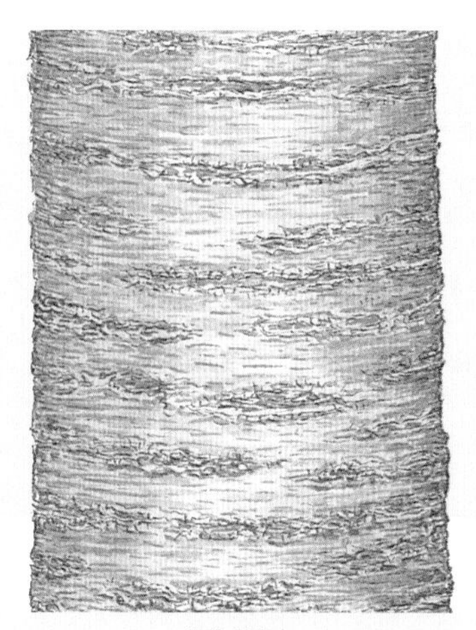

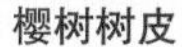

樱树树皮

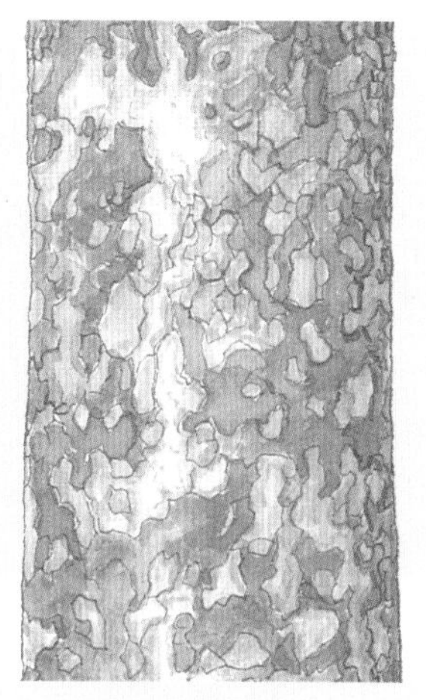

法国梧桐树树皮

所以，树木性格不同，它们木栓层外衣的样子也有所不同。

栓皮栎以厚实的树皮而出名。厚实的树皮上木栓层的痕迹交错，用手触摸栓皮栎的表皮，会感到十分柔软。

鬼箭羽是因为树干上的枝条酷似箭形而得名。法国梧桐的树皮因为一块块地剥落，所以呈现出斑驳的痕迹。山茶花树、柑橘和百日红也像法国梧桐一样，由于树皮上斑驳的花纹而出名。

也有的树木的树皮像被剥掉一样。例如，桦树的树皮如同一张被剥掉的薄纸。松树的树皮呈块状分布，就像乌龟的壳一样。

而榉树、樱树、桃树的树皮上则呈现出清晰的嘴唇模样的花纹，树皮的凸起就像是火山爆发时的火山口一样，遍布在木栓层上面。这是树皮的皮孔。所有树的树干上都有皮孔。

皮孔是木栓层内部的细胞呼吸的气孔。能很好地阻挡水和空气侵袭的木栓层紧紧地裹住了树枝，却使得内部的细胞无法呼吸。幸亏有了皮孔，细胞才能呼吸氧气和二氧化碳。随着树干变粗，皮孔也会变得突出。榉树、樱树、桃树的树皮就有很清晰的嘴唇状的皮孔。

令人类和植物感激万分的树皮

如上所述，我们已经一起看了树的外衣——树皮。那么为什么树皮对树来说很重要呢?

树皮既能抵卸外部雨水对树的侵袭，也能保护树木内部的水分，而且还能抵御严寒酷暑，以及外界对树木的其他伤害。

树皮不仅是树木的守护神，也为人类提供了多种便利和帮助。因为树皮中含有丰富多样的物质。人们通过提炼树皮中含有的物质制作药品、食材、艺术品等。

我们来看几个例子吧。肉桂的树皮芳香，人们也把它叫作“桂皮”。桂皮经常用于中药、烹饪中。金鸡纳树的树皮中含有金鸡纳霜（即奎宁），是抗疟良药。橡树树皮中的单宁是鞣制动物皮革的重要原料。树皮不只对人类有益，对树木自身也有好处。

有的植物的树皮中含有白色、黄色或红色的液体，这种液体中含有植物的原生质成分。由于这种液体的性状像牛奶般，因此又被称为乳液。折断无花果树的树枝后，流出来的液体便是白色的。蒲公英和三裂瓜（草质攀缘藤本，分布于中国云南等地）虽然不是树，但折断茎后也有白色液体。而白屈菜（多年生草本，可药用。分布在中国四川、新疆、华北和东北，亚洲的北部和西部以及欧洲）的液体是黄色的，血根树的树液是像血一样的红色。

如果你觉得这种白色的液体颜色像牛奶，于是猜测它的口感也很好的话，那就大错特错了。这种液体十分出人意料，它带有少量的毒素。吃了还没成熟的无花果，人的舌根就会感到疼痛，嘴唇也会肿起来。如果用手摘无花果的人皮肤十分敏感，那么他们的手也有可能感到疼痛。

罂粟的液体中含有鸦片成分。鸦片是一种可怕的毒药，很轻微的量就可以使人沉睡，过量使用会致人死亡。

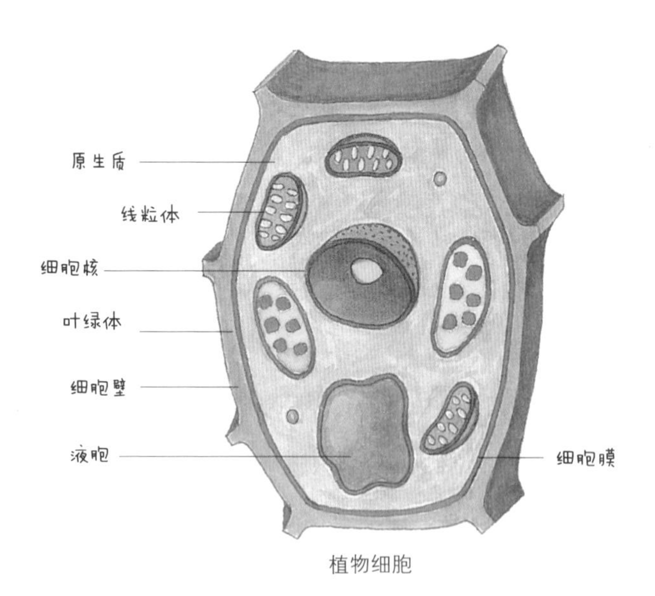

植物细胞

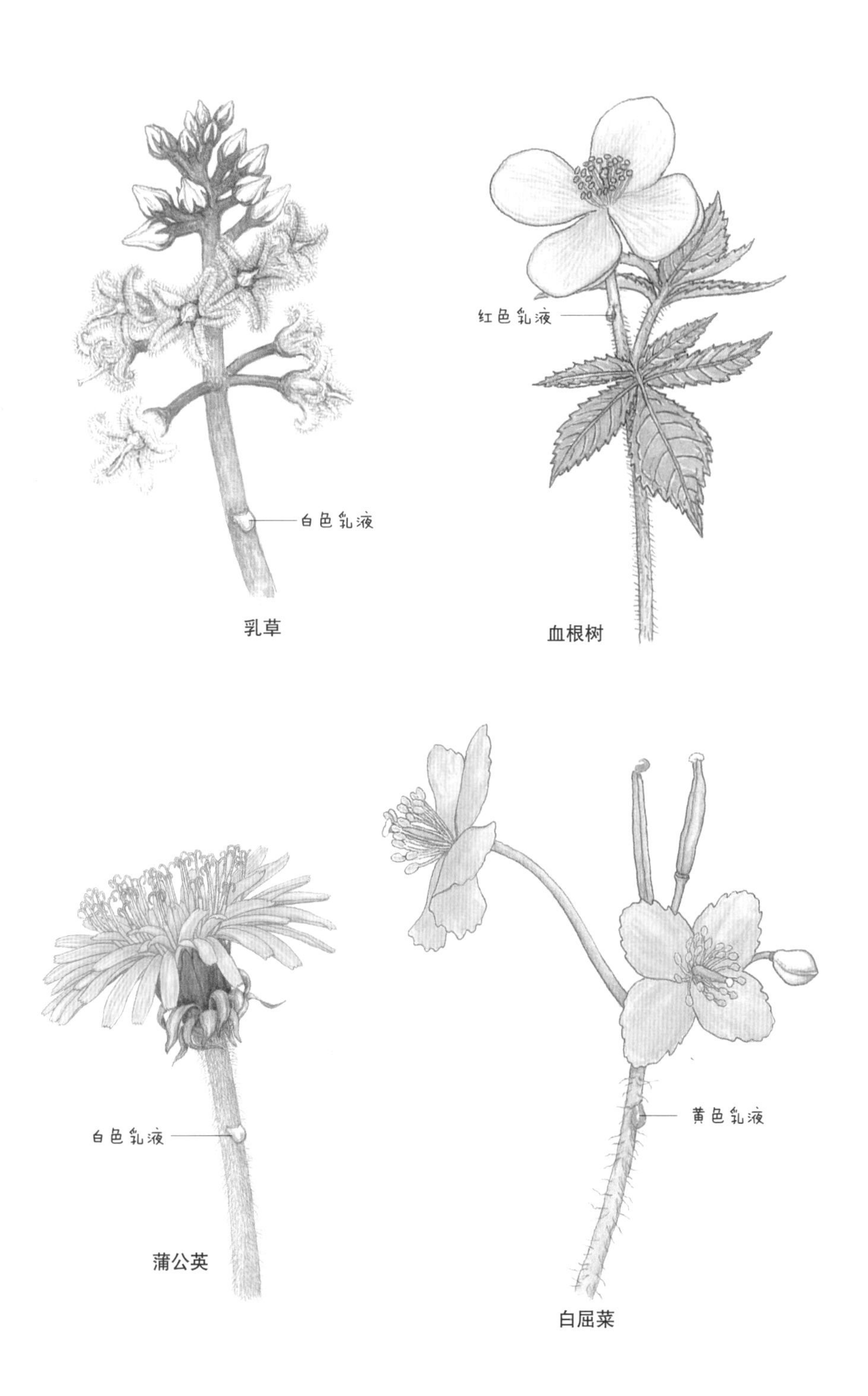
白色乳液
乳草
红色乳液
血根树
白色乳液
蒲公英
黄色乳液
白屈菜

植物的乳液是植物受伤时出现、防止细菌感染的物质。而有的植物乳液味道十分苦涩或者含有毒性成分，因此可以保护植物不被动物吃掉。但再强烈的毒药，对植物本身也不会有任何伤害。因为植物很擅长对付毒药，自己的身体中可以携带有毒的成分。

愈合植物伤口的树液

植物界中不仅有能对人和动物造成伤害的液体，也有与之相反，对人和动物都有好处的液体。在南美洲地区，特别是巴西，分布着一种叫作“木牛”，又称“牛奶树”的树木。人们就像挤牛奶一样，从树上“挤树奶”。不过挤的方法跟挤牛奶有所不同，人们用刀子把树皮割开使树液流出，再把这种树液用火加热，植物性的牛奶就诞生了。它的味道十分清香，而且跟牛奶的营养成分特别相似，人们做面包时也会把它放到材料中。如果长时间放置，它会凝固成黄色的奶酪一样的东西，切开后会发出酸味。喝得过多会发胖，这跟牛奶也很相似。

在墨西哥南部和危地马拉、洪都拉斯部分地区有一种人心果树。用刀割开树皮后，它会流出树液。把树液收集起来用火煮，这些树液就会变成糖胶树胶。这种糖胶树胶在与人体体温相似的温度下会变得柔软，因此是制作口香糖的主要材料。也因为这样，人心果树又被称为口香糖树。在15世纪末哥伦布发现新大陆的时候，当地的人们已经学会了咀嚼这种口香糖。

牛奶树和人心果树的树液只是正好符合人们口味的极为特殊的例子。大家一定要记住，大部分的植物都或多或少地带有毒性。

在植物树液中，还存在橡胶一类特殊的物质。在东南亚地区，特别是在马来西亚生长的橡胶树中含有橡胶。用刀在树皮上留下伤口后，橡胶就会从伤口处流出。用碗接下流出来的橡胶，橡胶会逐渐凝固。最后会按照碗的形状形成有弹性的凝固橡胶块。橡胶刚开始流出时是液体，随后会变成霜状，最后变得更加僵硬，成为凝固的橡胶。

橡胶在橡胶树中时是液体状态。当它流出体外，遇到空气后就会凝固，很难回到液体状态，即使用火

从橡胶树树皮的伤口处接橡胶的场景

加热也不可以。对橡胶进行加热完全是白费工夫。使橡胶熔化的方法只有一个，那就是要有比加热更强力的液体。

当然，这种液体也是从植物中得到的，那就是从松树树皮中取得的松香。只有它才能溶化凝固的橡胶。例如，我们生活中常见的橡胶手套、靴子等橡胶产品都是与其他物质混合而成的合成橡胶，因此能被火熔化。

橡胶树是怎么让橡胶在树内的时候保持液体的状态呢？遗憾的是，至今人们仍然没有找到这个问题的答案。人们使用了各种方法想让橡胶融化，但无一例外都失败了。但橡胶树却可以让橡胶保持液体的状态，让人不禁感叹树的神秘。

在讲述树皮中含有的各种物质时，法布尔描述树皮中住着技师、染色师、药师、皮革师和化学家。这个描述很有趣吧。树木能吃的东西只有养料。只凭借这些东西，树皮就能制造出清香的味道，以及供给树木的营养。还能制造出含有养料或者毒药的树液。这么看来，树皮真的是多才多艺的技师呢。

人们想要做到这些，需要花费更多的努力和时间。

所以法布尔认为，人们要从自然中学到和得到的东西仍然很多，因此人类在大自然面前一定要保持谦逊的态度。

但实际上，植物比人类更加谦逊。植物为人类提供了它们的树皮、木材和果实，却从来没有索取过什么。家中的房梁、家具、书籍、报纸、软木塞、橡胶、香水、药品、衣料、乐器……我们从植物中得到的东西不计其数。植物不分穷人富人，把自己无私地奉献给所有人类，而人类却把从植物中得到的东西分成值钱和不值钱的两类。看到植物的行为，再反思自己的行为，人类应该对此感到羞愧。

树干的变身

在大自然中，

植物不过是十分渺小的存在，

但仍然竭尽全力地努力生活着。

它们会自动地想出存活的方法，

伸展树根，长出枝叶。

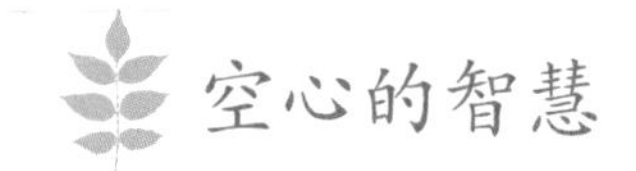

空心的智慧

在大自然中，植物不过是十分渺小的存在，但植物却不逊色于任何其他生命体，竭尽全力地努力生活着。它们会自动地想出存活的方法，伸展树根，长出枝叶。

我们来看一下树干是怎么进行生长的吧。双子叶植物中，橡树、栗子树、悬铃木有着雄伟笔直的树干，它们经常撑出大片的阴凉供行人休息。而且树干从树根开始，越往上生长越细，形成众多树枝，较大的树枝上会长出小树枝。这样长出来的小橡树枝是圆形的。垂柳的树枝就像垂下来的长发一样，低垂着生长。山杨的树枝朝着天空往上伸展。这种树干被称为“直立茎”。它们的树干笔直高大，是为了以后更好更久地生长。

单子叶植物却不是这样，它们的树干和树枝十分普通。但我们不能因为这样就轻视单子叶植物，因为它们有自己的处世智慧。

大部分单子叶植物把精力都投入在了开花上，对

双子叶植物的典型——橡树

单子叶植物的典型——狗尾草

实际上是单子叶植物，却像双子叶植物一样伸展枝叶的露兜树。

椰子树，虽然是单子叶植物，身材高大，但枝叶却不会增多变长。

树干的生长漠不关心。有的单子叶植物的树茎上只有一束花。就像前面提到的，单子叶植物的树干很简单。虽然也有单子叶植物像温带的露兜树一样，喜欢长出很多枝叶，但大部分的单子叶植物都很小心，只长出很少的枝叶。沙漠的绿洲中生长的椰子树虽然树形高大，枝叶却不会增长。也因为这样，单子叶植物的树干不够坚固，很少能用于制造家具等生活用品。

现在我们来想象一下鸟的翅膀吧。首先，翅膀虽然是骨头，但很轻盈。如果太重，则不利于飞行。但我们不能因为鸟的翅膀很轻就说它很无力。鸟的翅膀既轻盈又充满了力量。鸟在飞行时，必须承受空气的力量，甚至要承受突如其来的狂风的侵袭。那么符合这些条件的鸟的翅膀到底是什么样的呢？它的里边是空的圆筒形。

越空心越结实的树干

树干里边呈空心的圆筒形状不仅轻盈结实，而且能节省材料。想象一下在秋天随风飘动的芦苇吧。它们生活的地方十分贫瘠，跟生长在肥沃土壤中的栗子树截然不同。因此芦苇必须节约使用它们的财产。“需要是发明之母”，那么为了抵御狂风的侵袭，芦苇发明了什么样的技术呢？不是别的，正是“空心的茎”。

芦苇和水稻都是使用同样的方法来抵御强风的。那么，弄清楚水稻的特质，就会明白芦苇的生命特质了。

水稻修长身躯的顶端挂着沉甸甸的稻穗。你想过为什么水稻的茎会那么长吗？水稻的茎之所以那么长，是为了不使成熟的水稻穗接触到地面。水稻的茎很长还有一个原因——不给旁边的水稻造成不便的同时，尽可能地多结稻穗。而且为了能承受稻穗的重量，承受强风的侵袭，水稻的茎质地柔软并且总是往下弯腰。水稻的茎能够具备这些特质，是由于茎的内部是空心的缘故。

除了这些，我们还需要留心到一点。水稻是一节一节的。节点便是叶子长出的地方，我们称之为“叶鞘”。在叶鞘的下方，茎被紧紧包住，这使茎更加结实。

不仅如此，还有一个地方体现了水稻的坚韧。它的茎的内部存在一种特别的物质，那就是质地坚硬，并且不会轻易腐烂的矿物质——硅。硅一般存在于石子、沙子和动物的骨头中。用刀接触热带地区生长的禾本植物时，会出现和金属相碰时的火花。这证明了植物中含有大量的硅。竹子是茎部空心的植物的典型

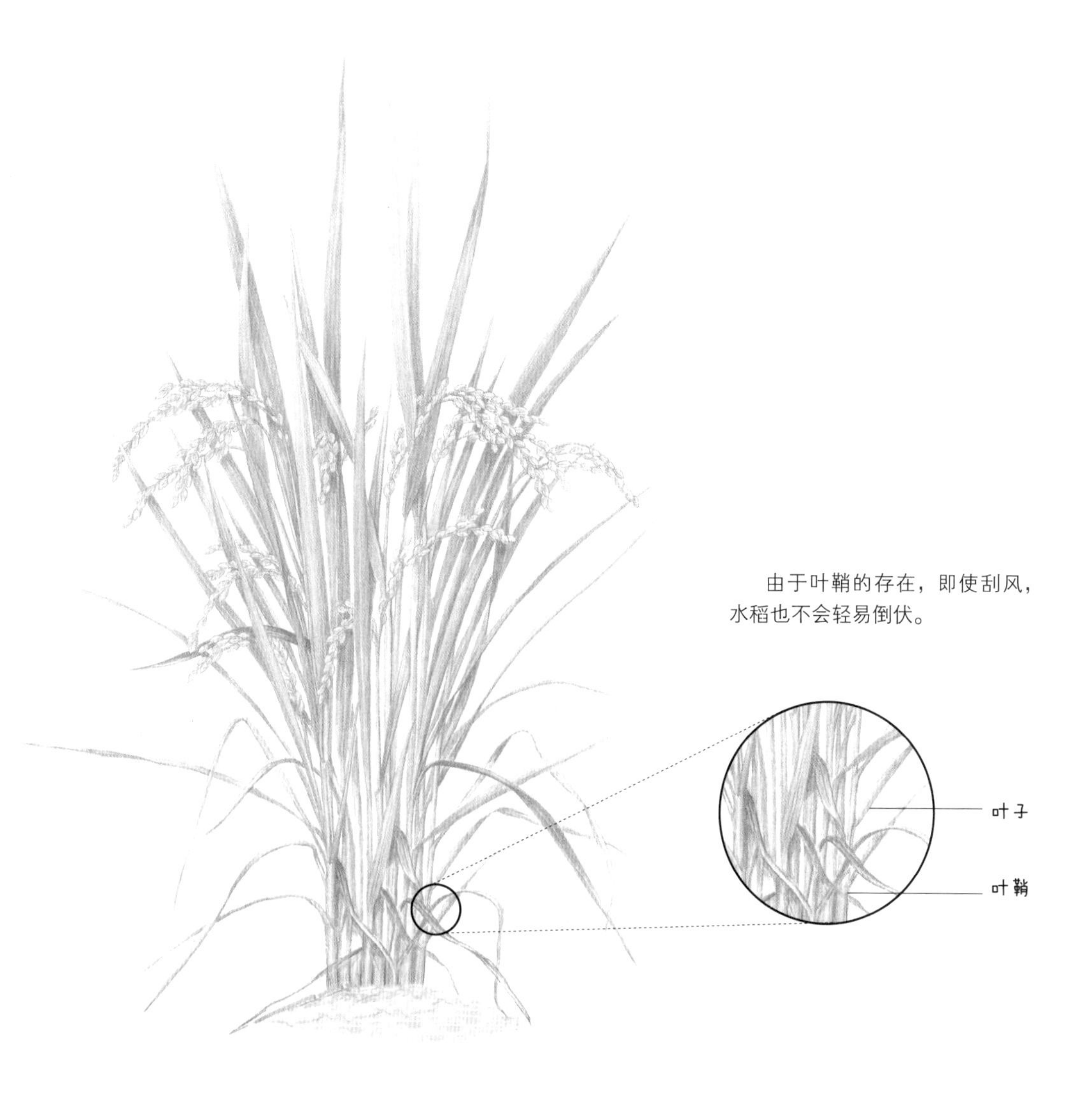

由于叶鞘的存在，即使刮风，水稻也不会轻易倒伏。

代表。在有些热带地区，竹子十分粗壮，人们甚至把一节一节的竹子当作水桶来用。

正如前面所说，所有的单子叶植物虽然各不相同，但都遵守着同一个规律。那就是茎的外部十分结实，内部却是空心的构造。而双子叶植物正好相反，它们的内部十分结实坚硬，外部却很柔软。法布尔把双子叶植物的这一特征称为愚蠢的固执。橡树高耸雄伟，吸引了众人的视线，但在台风来临时总会不堪一击——被拦腰折断或连根拔起。

缠绕着向上生长的藤本植物

空心、节点和硅成分等体现了单子叶植物的处世哲学。单子叶植物之所以这样做，是为了让茎更加坚实，以及接触到更多的阳光。然而，有的植物没有使用这种方法，而是想出了其他方法来接触更多的阳光。

有些花盆里的植物放在窗边，它会爬满整个窗户。通过这一点，我们就可以知道植物是有多么喜欢阳光。

因为向着天空伸展枝叶是每个植物最大的快乐和幸福，所以为了接触到阳光，植物们想尽了方法。

为了接触阳光，有的植物甚至改变了茎的样子，不惜使自己的身体扭曲。如缠绕着向上生长的藤本植物。大部分的植物都会使用自己的力量伸展枝叶，而藤本植物如果没有周围植物的帮助就无法向上生长。深知自己弱点的藤本植物，聪明地想出了方法来解决这一问题。

生长在亚洲地区的葛藤的茎就很难独立生长。它深知自己在地面上生长无法接触到更多的阳光，所以只要周围出现了比较高的植物就会靠上去。不管是“乔木”（树干笔直，树高通常超过 8 米）还是“灌木”（灌木通常在人的身高之下），葛藤都会缠绕着它们向上生长。就像缠在一起的网一样，葛藤把周围的植物缠绕得十分紧密。以前葛藤因根和花有益于身体健康而知名，最近葛藤因为其爱缠绕的特性让人伤透了脑筋。

美国政府最初为了防止当地山陵的水土流失，从日本引进并种植了葛藤。刚开始没有出现大问题。但后来人们发现，葛藤长得太快了。在很短的时间内，葛藤就遍布山丘、山谷、树林，甚至出现在没有人居

葛藤

常出现在山野中的藤本植物。

葛藤缠绕周围的物体向上生长。

7-8 月开紫红色的花。葛藤花晒干后常用于泡茶，葛藤常用作编制箩筐或篮子。它的根也常用于泡茶或制作药材。

住的庭院中。生长迅速的葛藤根，每小时能生长5厘米。很多植物因为葛藤的遮蔽，接触不到阳光而死亡。它可以称得上是“吞并美国南部的植物”了吧。

豆科植物紫藤也不逊于葛藤，有着极强的缠绕能

紫藤

力。但紫藤由于花的美丽和香气四溢，受到人们的喜爱，通常被种植在庭院或公园中。由于经常受到园艺工人的修剪，所以不会出现葛藤一样的问题。

金银花

野大豆、乳草、葎草、喇叭花、金银花等也属于藤本植物。它们很有规律地只朝一个方向缠绕。喇叭花从右边向左边缠绕，金银花从左边向右边缠绕。

爬山虎

6-7月开白色的小花，秋天结黑色的果实。

爬山虎攀附在别的物体上生长。利用爬山虎的这种特性，把它作为观赏植物种在建筑周围，会长成漂亮壮观的爬山虎墙。

匍匐茎和多肉植物

藤本植物中既有缠绕其他植物向上生长的植物，也有茎部的一面长有卷须以攀附在墙壁上的植物。常春藤和爬山虎能攀爬在树木、墙壁、山崖上，就是有

蛇莓

常见于草地或路边。4-5月开黄色的花，并且结出草莓一样的果实。茎的每节都会长出根，并向前生长。

这种卷须的缘故。

并不是所有的匍匐茎植物都喜欢高的地方。有的植物不喜欢墙壁，只喜欢攀附在地上生长。是因为它们“太懒”了,还是没有想到“须根”这种生存方式呢?匍匐茎的代表蛇莓就不会向上生长，而是像蛇一样在地上长出枝叶。

蛇莓之所以喜欢爬在地上有其自己的原因。蛇莓的匍匐茎有着其他植物所不具备的特别的能力，那就是一边往前生长，一边撒播种子的能力。当匍匐茎想向前生长时，在茎的顶端会先抽出几片叶子，然后长出根来。新长出来的叶子和根就可以长成一棵独立的小蛇莓了。等长到一定程度，小蛇莓又会往前生长，长出新的匍匐茎。这是蛇莓一边在地上“爬行”，一边

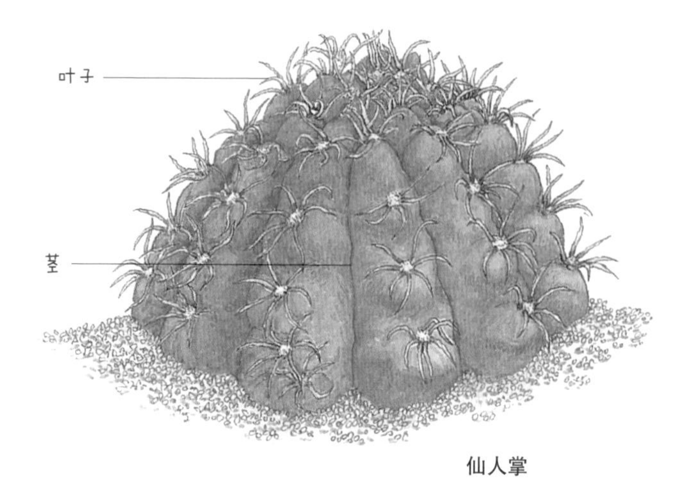

仙人掌

繁衍后代的方法。

比起蛇莓，仙人掌改变茎的样子的方法更出人意料。仙人掌的茎与其他植物的茎相比长得十分奇怪。它的块头很大，比其他植物要胖得多。因此这种植物被称为多肉植物。多肉植物之所以块头很大，是为了储存水分。

为了在缺水的地方生存下去，它们不得不改变了茎的样子。

在墨西哥和巴西的干旱地区，马通过吃植物的汁液获得水分，缓解口渴。马吃的植物呈圆球形，这种圆球形的植物上面就像被开垦的土地一样，有着垄沟，显得十分厚重，并且上面有着硬邦邦的刺。这种植物就是仙人掌。马在吃它时，首先用前蹄把刺去除，然后小心翼翼地吸仙人掌的汁液。虽然能缓解口渴，但这种行为通常伴随着一定的危险。如果大家去南美洲旅行，看到一瘸一拐的马时，不要惊讶，那匹马可能是被仙人掌刺扎到了。

向地底生长的地下茎

有的植物的茎没有在地面生长，而是在地下生长。地下茎植物的生存智慧比人类更胜一筹。

人们在冬季为了躲避严寒，会去温暖的地方度假。而植物没有脚，所以它们不能像人一样到处走动。不管夏季长得多么旺盛的植物，到了冬季，它们的茎要么与寒冷做斗争，要么死亡。

躲避这一劫难的唯一方法，就是茎进入温暖的地下。然而对植物来说，躲到地下是很不正常的现象。

玉竹

常见于山地或平原的向阳处。每年的5-6月开钟形的花，花的颜色为白色，开花的位置在叶腋处，每个叶腋处开花的数量为1~2朵。秋天结出豆子般大小的黑色果实。

植物的茎必须吸收阳光，在阳光下生长才行。所以有的植物想出了这样的方法：那就是每年茎的一半存活，一半死亡，即茎的一半进入地下存活下来，一半待在地上抽叶开花，最后干死。

开钟形小花的玉竹就是地下茎植

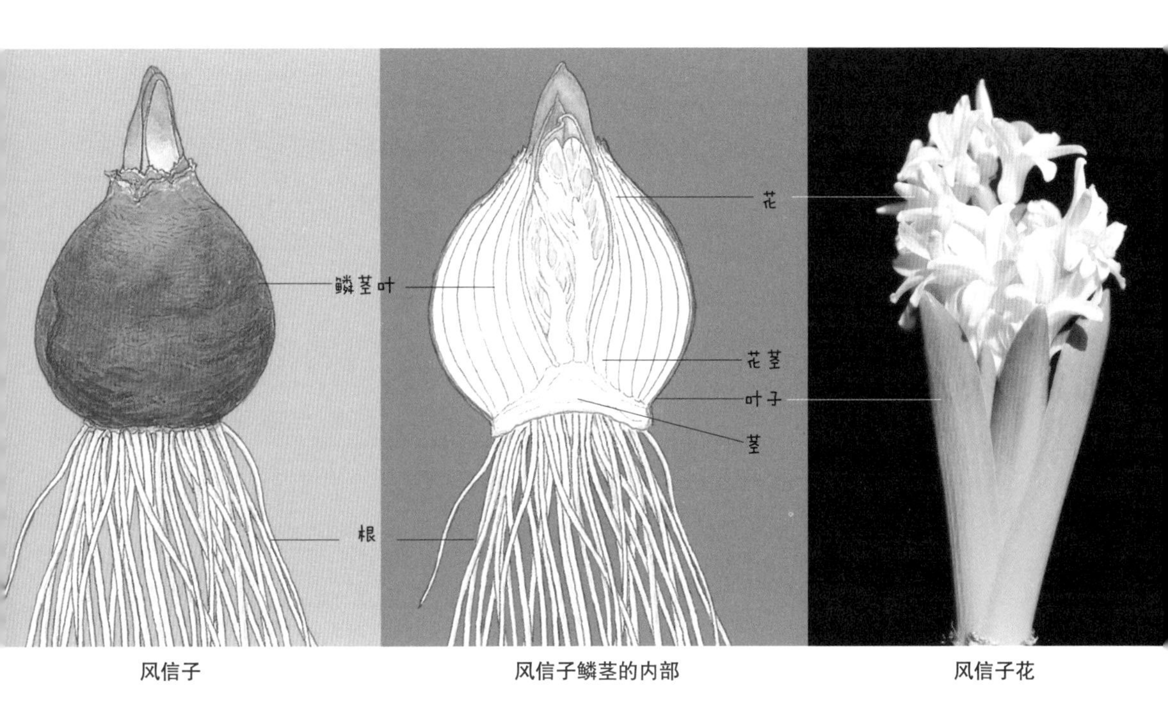

风信子　风信子鳞茎的内部　风信子花

物的代表。地下茎上面分布的块状关节就是地上茎干死的位置。第二年重新长出的嫩芽又挂在了地下茎的尾端。那么根在哪儿呢？地下茎中像线一样的东西便是根。玉竹通过这样的根来吸收养分。

鳞茎是地下茎中最小心翼翼的茎。这种茎并不总是鳞片的形态。等到时机成熟时，鳞茎内部会向上长出花茎，并开出花朵。在地底准备了很长时间，花朵会开得十分漂亮。风信子、水仙花、郁金香和龙舌兰都具有花茎。

这类植物的茎并不会笔直地生长，也忍受不了狂风的侵袭。

为了在恶劣的环境中生存下去，它们改头换面，改变了茎的形态。有的植物缠绕着身边的植物向上生长，有的植物在地上或地下匍匐生长，有的植物喜欢收集很多的营养成分。即使没有人指点和帮助，它们也能自发地做着自己该做的事情。在这一点上，即使人类都自愧不如。

8

植物是死心眼儿

植物的茎和根，

一生都在固执地朝两个方向生长。

一个追寻阳光，一定要破土而出，

一个扎根地底，为植物汲取养分，

谁也无法改变这个规律。

选择根的固执

植物中都有茎和根，但两者的性质完全相反。茎用尽手段向着太阳生长。如果不能依靠自身的力量，即使依靠周围的植物，茎也要向上生长，寻找阳光。与之相反，根只有在黑暗处才能生存。根生长在柔软的土壤中，即使碰到障碍，也会义无反顾地往下生长，甚至在明知会受伤的情况下，也会伸向黑暗的地方。

茎和根的这种本能在它们小时候就有所体现。种子在土壤中发芽后，嫩芽会立刻做起该做的事情。嫩芽的根往下生长，茎则努力向上生长。

把种子翻过来放置也不能改变它的固执。这跟把鱼钩翻过来，最终它会变回原来的样子一样。即使多次翻动种子的位置，也不能改变根和茎生长的方向。

根总是向下生长。但是植物还有一个必须遵守的原则。因为这个原则，有的植物的根很容易就能从土里拔出，而有的则很费劲。

植物的根按照一定的方法进行生长。也就是说，

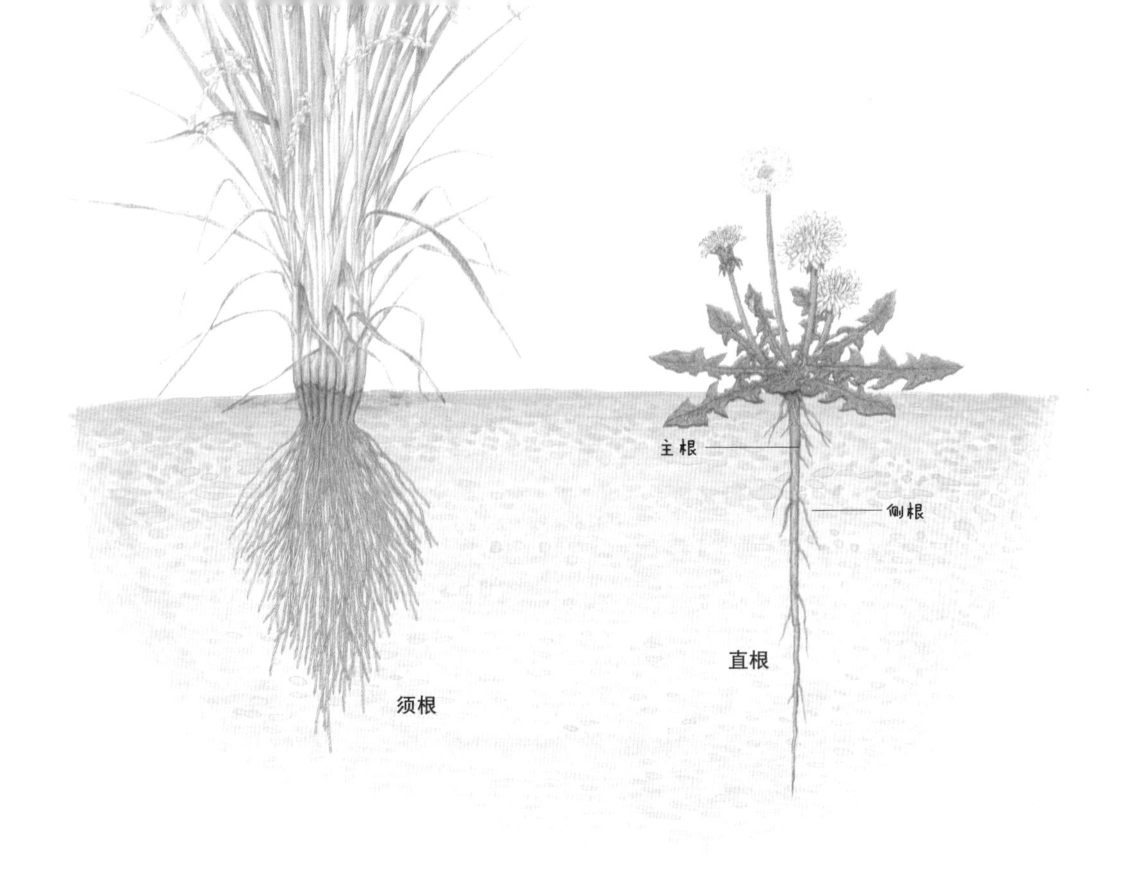

不是“须根”就是“直根”。须根的长度没有直根那样长，它由很多细小的根组成，所以很容易拔除。须根每个根的力量虽小，但个数众多，所以弥补了它力量不足的缺陷。一般单子叶植物的根是须根。直根的中间部分是主根，它笔直地生长在土壤中，它的旁边还长有侧根。一般双子叶植物的根是直根。

植物的根从这两种世代相传的方法中选择其中的一种，并且一定会遵守这一形式。我们来看一个例子吧。生长在北非阿尔及利亚的侏儒椰子树树高只有1米左右。这种椰子树即使想长高也做不到。因为虚弱的须根，它无法坚强挺立，遇到强风就会弯折倒伏。但如果把它种在庭院中，并为它做好支架以抵御强风，它就能长到20米左右。还有一个方法可以使它长得更高，那就是放弃须根，选择直根。但侏儒椰子树完全没想过要换成直根。即使无法长成参天大树，它也坚持这个原则，毫不动摇。

橡树、榆树和枫树则坚定不移地选择直根，认为直根是最好的选择。因为这个选择，它们能在风雨中挺立不倒，每年都长出新叶。

除了树，一些个子矮小的草也固执地选择直根。棉花个子矮小，所以它并不惧怕风雨。而胡萝卜和萝卜有着粗大的根，只为了生长几片叶子，它们的根就深入到了地底深处。

正如前面所说，植物们不管是须根还是直根，都满足于自己的选择，人类也无法阻止它们。即使有的植物因为自己的选择受到伤害，它们也毫不动摇。

有着粗壮根的萝卜

单子叶植物水稻的根是须根，所以风力稍微强劲，它便会倒地不起。但水稻并没有因为这样就变换根的形态，而是一如既往地选择须根。

而选择直根的植物也有其不便之处。移植直根植物时，必须挖到土壤的深处，这样才能避免伤到主根。

如果毫无顾忌地伤到主根，把植物移植到新的地方，就会导致植物的死亡，因为没有别的根可以代替主根的作用。而须根的植物比直根的植物好移植。拥有须根的植物既容易拔出，也容易移植，即使伤害到树根，也会有其他的根来代替。然而直根的植物即使明知有这样的危险，也不改初衷，坚持选择直根。

打破植物的固执

有时候人类会强行打破植物的固执。人类想尽各种办法，让植物放弃自己的原则。

人们对蔬菜和水果的改良尤其典型。那些“心志不坚”的植物和善于因环境变化而变化的植物，经过人们的培育会逐渐改变自己的习性。

土豆刚开始出现的时候就含有大量的淀粉吗？萝卜以前就有块状的根吗？卷心菜的叶子以前就是层层包裹的吗？不是。它们的特点都是在人的精心培育下形成的。梨树也不是一开始就结出美味硕大的梨的。

现在的葡萄也跟古代的葡萄不一样。玉米、南瓜、胡萝卜和芜菁等蔬菜也不是一开始就是现在的样子。

这些植物曾经是对人类毫无用处的野生植物。但是人类通过精心培育，逐渐把它们培养成了想要

野生卷心菜　　改良后的卷心菜

的植物。例如，土豆本来生长在智利和秘鲁的深山中，那时它的果实不过橡子般大小，并且还有毒。人们把这种杂草一样的植物带到田里进行种植。人类的田地不仅土壤肥沃、水分充足，而且没有其他植物抢夺养分。生活环境好转的土豆开始逐渐改变自己的特性。

随着时间推移，土豆的样子改变了。它的体形逐渐变大，养分也逐渐增多，最后变成了现在这种淀粉含量极高的土豆。

野生卷心菜生长在靠近海边的悬崖上。它的茎很长，绿色的叶子随意生长，而且散发出刺鼻的味道。但是有人发现了它，并把它带到田地里种植。这个人难道已经预料到其貌不扬的卷心菜会变成美味的蔬菜吗？不管怎么样，在这个人不懈的努力下，野生卷心菜最终改变了样子。卷心菜的茎变得粗壮，叶子变得柔软。到了最后，由于叶子太多，卷心菜呈现出层层包裹的样子。

梨树也是这样。野生梨树曾经带有坚硬的木刺。果实不仅小，而且十分酸涩坚硬。咬一口就像吃了沙子一样。某个想象力丰富的人把梨树培育成了现在这种果实甘甜可口的梨树。

葡萄最初的果实就像接骨木果实一般大小，但通过人类的辛勤培育，变成了现在的样子。

人类通过自己的智慧和不断的努力，把野生的蔬菜和树木培育成现在的蔬菜和树木。

比尔·莫兰的实验

关于人们是如何培育野生植物的，法布尔讲了一个有趣的故事。1832年，比尔·莫兰做了一个关于野生胡萝卜的实验。

生长在路边和野地的野生胡萝卜曾经是直根的一年生植物。第一年，比尔·莫兰在土壤肥沃的田地里播种了野生胡萝卜种子。他认为营养充足的话，胡萝卜的根会变粗壮。但实验却失败了。野生胡萝卜仍然只供养分给茎和花茎。

第二年，比尔·莫兰做了另一个实验。野生胡萝卜的生长季为3～10月这8个月间，他在4月进行播种。每当胡萝卜的茎长出时他就将其砍断，只留下最下面的叶子。他的目的是让茎和花茎无法生长，以便把营养供给根部。但这个实验同样失败了。

第三年，比尔·莫兰在比上年更晚的6月份才播种。他把野生胡萝卜生长开花的时间缩短了一半。这一次，胡萝卜的根仍然没有任何变化。但其中的五六棵胡萝卜出现了异常的现象。它们比其他胡萝卜生长得更加缓慢，茎也长得很慢，可以看出根部在积蓄养分的迹象。最终这些胡萝卜的根长成了直径约1.3厘米的块根。

第四年的春天，比尔·莫兰把这五六棵胡萝卜移植到了土壤更肥沃的田地里。搬家后的块根长势十分旺盛。比尔·莫兰把这些胡萝卜结的种子在次年撒到了田里，结果收获了块根更粗壮的胡萝卜。连续几年，他都在做同样的事情。最后到了1839年，比尔·莫兰的农田中，大部分的胡萝卜都变得十分粗壮。有的重量甚至超过了1公斤。野生胡萝卜最终变成了现在人们常见的胡萝卜。

想想看吧，比尔·莫兰为了改变野生胡萝卜，做了 8 年的实验。他成功地为我们改良了胡萝卜的形态。

虽然植物重视祖先流传下来的原则而毫不关心人类对它们的期望，但是，人类花费了大量精力后，依然改变了植物长久以来的习性。

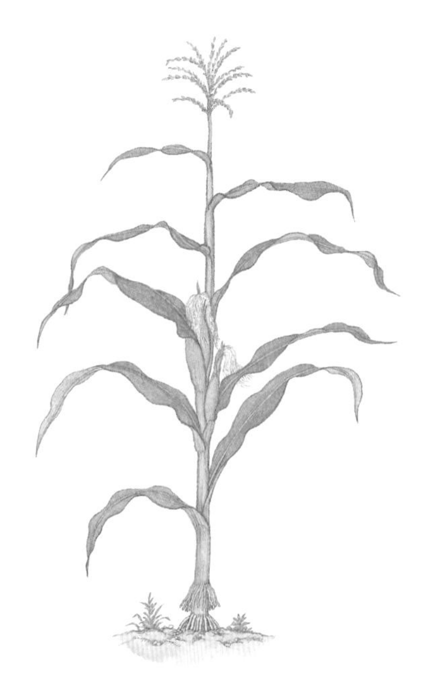

9

根和茎的进化

有的植物并不满足于自身拥有的根和茎。
不管身处多恶劣的环境，
植物都能找出解决的方法，
正如“需要是发明之母”，
植物根据需要发明了不定根。

根的变身——“不定根”

根具有支撑植物的作用，也具有吸收水分和养料的作用。提到根，我们会想到主根和须根，它们都安静地生长在土壤中。但是根不仅生长在地下，还有的根生长在地上，并变身为多种形态，使植物生长得更加旺盛。如果有一种根可以有多种形态，如冒出头来呼吸空气的根，还有依附到其他植物上面以抢夺养分的根（寄生植物），甚至还有借助人的力量长出来的根。这种根就叫作不定根。

数十根的茎和不定根

三叶草的茎部长出很多根，根部又向四面长出很多的茎。它的构造看起来很复杂，让人看不出哪里是开头哪里是尽头。三叶草的茎看起来好像是长了腿一样。由于它的茎和根四散生长，所以三叶草看起来总是一大群。

从茎部长出的不定根找到定居地，吸收养分和水。

三叶草

夏季常见于草地中。由于兔子特别喜欢吃这种草，所以又称之为“兔子草”。它的花是白色的圆球形。开红色花的三叶草叫作红花三叶草。

三叶草的繁殖方式就是通过这种不定根进行的。

 为战胜严寒和狂风而出现的不定根

在南极和北极生活的植物也有不定根。在冰岛、

北极光萼女娄菜

与康乃馨同属石竹科，但具有与康乃馨不同的特性。为了在严寒中生存，每棵光萼女娄菜的根都有数百个分支，使地上的部分形成坟墓的形状。由于植物的茎叶紧密连在一起，它不仅能抵御严寒，还能抵御食草动物的破坏。一般它的南面会先开花，接着北面再开花，因此人们又把它称为“指南针植物”。

拉普兰德、格陵兰等国家和地区，只有几种植物覆盖在广阔的平原上。

但是那里的任何植物都长不高。因为一旦长高，它们就无法在狂风中立足。还有一个原因就是，植物为了长出不定根已经倾尽全力，再没有力量往上生长。北极和南极的植物因为严寒，不得不选择这样的生存方式。

为了呼吸空气的落羽松的不定根

落羽松性喜水，只在水边生长，它的根也生长在水中。但是再怎么喜欢水，它也需要呼吸空气才能生存。

但是根在水中是无法呼吸的，所以落羽松长出很多不定根，露出水面进行呼吸。

是茎还是根呢？红树的不定根

生活在热带和亚热带地区的红树具有气根。它喜欢靠近海边和江边的土壤。它的气根就像杂乱缠绕在一起的线一样，既有生长在底下的部分，也有生长在水面或地面上的部分。其中露出水面或地面部分的气根长度有的超过 2 米。气根长在茎和枝干的下方，同水或土壤相连。

气根上面有皮孔，使得气根可以呼吸空气。从这里吸进来的空气会被送到埋在水中或地下的根部。

红树的气根

出现在地面或水面上方的气根在呼吸的同时长出红树叶子。最后长出的种子掉在地上。

种子就像挂在树上一样，最终会掉落在地上，长出小树。

大部分红树并不是一棵，而是一群树的不定根缠在一起，形成了红树林。这是由于红树的种子独特的发芽方式形成的。有的红树果实掉到水中后才发芽，但有的红树果实则是依附在大树上发芽。当它们长达50 厘米的不定根长出后，由于离母树很近，很容易缠绕在一起。

由一棵树形成一片树林的印度橡皮树

在印度有一种很特别的树。这种树频繁地长出新芽，导致树枝没有足够的力量给予支撑，于是树的上部经常长出不定根来支撑树枝。它就是印度橡皮树。

印度橡皮树的不定根在最开始就像绳子一样垂在空中。当它接触到地面后，就会把根深入地下。触到

印度橡皮树

印度橡皮树的树干由数千个不定根组成。这些不定根接触到地面后，就开始吸收水分和养料，担当起树干的使命，并且还起到了支撑树枝的作用。

地面的不定根看起来就像支撑沉重树枝的支柱一样。每年橡皮树都会长出新的树枝，支撑树枝的不定根每年也会长出。所以整棵树看起来就像是被不定根支撑着一样。虽然是一棵树，但由于有千百个不定根做支柱，所以这棵树就像树林一样。这些不定根在以后的岁月中会变成真正的树干。这种树能存活很长时间。

有的植物并不满足于自身拥有的根和茎。根据环境的变化，它们会长出不定根，并将不定根变成树干。正如“需要是发明之母”，植物根据需要发明了不定根。

不管身处多恶劣的环境，植物都能找出解决的方法，不轻言放弃。人们应该把植物作为自己的榜样，面对困难时，不要轻言放弃。

农民创造的不定根

有的植物能自己进行进化，但有的植物只有在人的培育下才能长出不定根。

法布尔提到了玉米这个例子。玉米只懂长个子，如果对它放任不管，它不会长出不定根。这样的玉米不受农民的喜欢，因为它在风雨中容易倒伏，而且也不能结出美味的玉米。因此农民在根和茎的交接处填上土。不久之后，茎的下方就长出了不定根，这些不

玉米

数千年前原产于美洲，并广泛传播至全世界的一种作物。

定根能使茎更加牢固。

除了这个方法，还有别的方法可以使某些植物长出不定根，那就是弄弯树木的树枝，把它埋在土壤中。这样做就能使树木长出不定根或使小树尽快独立，这种方法被称为“压条法”。

康乃馨的枝容易弯曲，所以很适合压条法。首先把细枝弄弯，然后把弯曲的细枝埋到土里，并用角铁固定，使树枝的其他部分露出地面，待枝条长出新根后与母树切断而成为新的植株。这样做可以让母树尽快将树液传递给小树枝，以帮助它们扎进土壤中，生成不定根。

实际上，那些被人埋到土中以生成不定根的植物非常可怜，因为它们总是受到人的欺骗。

但是有的植物即使不通过压条的方法，也可以长出不定根。

法布尔称杨柳就属于这类植物。截取一段柳树枝，把这段树枝的任意一端埋进土中，柳树枝在几天内就会长根。柳树不像其他植物那样固执，只要土壤水分充足，它就会很欢快地生根。

像这种截取树枝种在土壤中，使树枝长出根的方法叫作“扦插法”。但扦插法并不适合所有植物。只有木纹柔和，体内含充足水分的树木才适合进行扦插。所以，在对柳树或天竺葵使用扦插法的时候，很少有人失败。与之相反，木纹坚硬的植物不适合扦插法。这种植物非常“固执”，即使在玻璃器皿或温室中对它们进行培育，它们也会坚持初衷。就算濒临死亡，它们也不会向环境妥协。如果对橡树使用扦插法，你会发现，直到死亡，它们也不会生根。

法布尔的生平

1823年 12月22日，法布尔出生于法国南部圣莱昂的一个农夫家庭。他是父亲安东尼奥和母亲费克瓦尔的第一个孩子。

1825年 弟弟弗朗提力克出生。

1827年 弟弟出生后，他们的生活更加窘迫。所以法布尔从小被寄养在大山深处玛拉邦村的祖父家。

1830年 为了上小学，法布尔回到了圣莱昂。在远亲利卡尔的教导下，法布尔开始学习阅读和写作。

1832年 法布尔全家搬到了罗德兹。父亲在罗德兹开了一家小咖啡馆，法布尔进入王立学院学习希腊语和拉丁语。由于家境贫困，他的学费得到免除，但按规定他必须参加学校的合唱团。

1837年 由于父亲开的咖啡馆经营不善，举家迁往图卢兹。法布尔则进入埃斯基尔神学院。

1838年 父亲的生意再次失败，举家搬到蒙彼利埃市，又开了一家咖啡馆。这时对医学产生浓厚兴趣的法布尔，由于无力支付学费，不得不放弃学业，开始打工赚钱。法布尔在市集上卖过柠檬，也在铁路上做过工。

1839年 法布尔通过了阿维尼翁师范学校的选拔考试，并获得奖学金。

1840年 法布尔在两年的时间内修完了三年的课程，并通过教师资格考试。剩下的一年时间里，他学习了博物学、拉丁语和希腊语，并且初次了解了化学。

1842年 从师范学校毕业后，法布尔成为卡尔班托拉一所小学的教师。虽然当时教师的工资很低，但他仍对教师这一职业充满了热情，受到学生们的尊敬。

1843年 法布尔每周都组织学生去野外实习，也就是这段时间，他发现了涂壁花蜂。法布尔花费他所剩不多的工资买了《节肢动物志》，这本书成为他的最爱，时常被放在他书桌最显眼的地方。这引发了法布尔对昆虫的兴趣。

1844年 10月3日，和同事玛利·凡雅尔结婚。凡雅尔是裁缝师的女儿，比法布尔大三岁。法布尔开始自学数学、物理学和化学。

1845年 长女艾莉莎贝特出生。

1846年 4月30日，艾莉莎贝特夭折。法布尔通过蒙彼利埃大学数学系的入学资格考试。

1847年 取得蒙彼利埃大学数学学士学位。长子约翰出生。

1848年 取得蒙彼利埃大学物理学学士学位。6月6日，长子约翰夭折。6月29日，法布尔放弃小学教师一职。

1849年 法布尔任职科西嘉阿杰格希欧国立高级中学的物理教师。

他被科西嘉丰富的大自然环境所折服，并遇到了著名的植物学家鲁基亚。鲁基亚向他传授了贝类学和植物学，并介绍他认识了图卢兹大学的博物学教授莫坎·唐通。

1850年 10月3日，次女安德莉亚出生。

1851年 法布尔和莫坎·唐通教授一同度过了15天。莫坎·唐通让法布尔明白，写植物观察日记时文体和文采的重要性。莫坎·唐通还劝说法布尔学习博物学。因此，法布尔开始研究博物学。

1853年 法布尔成为阿维尼翁师范学校的助教，教授物理学和化学。5月25日，三女阿莱雅出生。阿莱雅与父亲度过了一生中大部分的时间。

1854年 取得图卢兹大学博物学学士学位。阅读了医生和自然主义者里昂·杜普雷所写的蜜蜂观察日记，深受启发。开始对为昆虫命名和分类感兴趣。

1855年 8月24日，四女克蕾儿出生。由于家庭成员的增多，开支负担日益加重，法布尔不得不加班，以补贴生活。发表论文《蚕豆的花和果实》。

1856年 以研究瘤土栖蜂而获得法国学士院的实验生理学奖。他的论文中对瘤土栖蜂如何长时间保存自己的食物进行了研究，为此里昂·杜普雷写信向他祝贺。法布尔继续研究其他昆虫，但生活日渐困难。他开始研究由茜草提炼染料。

1857年 发表了《芫菁科昆虫的变态》等多篇论文。

1859年 达尔文称赞法布尔是“罕见的观察者”，但是法布尔一生都对达尔文的观察持否定态度。由于发明了茜草提纯的方法，他得到了专利权。

1860年 开发研制了茜草应用于工业中的方法，获得第二项专利权。

1861年 4月9日，次子朱尔出世。

1862年 法布尔编著的第一部教科书《农业化学基础讲义》由安歇特出版社出版。

1863年 2月26日，三子爱弥尔出生。发表论文《关于昆虫尿液中脂肪组织作用的研究》。

1865年 巴斯德来访。细菌学家巴斯德一直致力于研究导致蚕死亡的传染病，但由于对蚕并不熟悉，所以他拜访法布尔，希望得到他的帮助。法布尔出版科学读物《大地》。

1866年 担任鲁基亚博物馆馆长。哲学家和经济学家约翰·穆勒访问了博物馆，并同法布尔成为朋友。获得法国学士院颁发的热内奖。法布尔仍然致力于研究茜草染料问题，成为亚威农师范学校的教授。

1867年 同教育部部长杜卢伊成为朋友。杜卢伊在巴黎宴请法布尔，在他的帮助下，法布尔拜谒了拿破仑三世。法布尔成为一所成人夜校博物学专业的讲师。虽然法布尔成功地使茜草色素应用在工业中，但是德国发明了人工茜草，所以他的努力没有得到收获。

1870年 法布尔的授课受到教会人员和保守派教育者的反对，遂辞去教师一职。他向穆勒借贷，搬到了奥朗日。由于家庭人口日渐增多，生活越来越贫困。

1871年 因为德法战争，法布尔无法按时获得版税和稿费，生活更加困苦。法布尔完全放弃了大学教职，集中研究昆虫，并且开始编写青少年科普书籍。

1873年 被迫辞去鲁基亚博物馆馆长一职。他决定同穆勒一起研究植物，但穆勒突然去世。获得巴黎动物保护协会的感谢奖章。出版了数学、植物和物理学方面的书籍。

1877年 9月14日，他最爱的儿子朱尔去世，朱尔对学问和艺术很有天分。法布尔用朱尔的拉丁文名字为喜欢的三种昆虫命名，即伏利渥司土栖蜂（cerceris julii），伏利渥司高鼻蜂（bembex julli），伏利渥司穴蜂（ammopblia julli）。

1878年 由于朱尔的去世，法布尔深受打击，身体十分虚弱。这年秋天他感染肺炎几乎死去，但凭借坚强的意志力渡过难关。

1879年 法布尔放弃了都市生活，搬到了塞利尼昂，为自己的居所取名“荒石园”。荒石园有很多昆虫和花。由得拉克拉普出版社出版了《法布尔昆虫记》第一册。

1881年 被推荐为巴黎学士院通讯会员。

1882年 出版了《法布尔昆虫记》第二册。82岁高龄的父亲搬来与他同住。

1885年 妻子玛利去世，享年64岁。三女阿莱雅代替母亲，处理家务。法布尔开始绘制蘑菇水彩画。

1886年 出版《法布尔昆虫记》第三册。

1887年 女儿克蕾儿结婚。法布尔与23岁的约瑟芬·都提尔结婚。

被接纳为法国昆虫学会通讯会员，获得得尔费斯奖。

1888年 儿子爱弥尔结婚。他与约瑟芬的儿子波尔出生。波尔在以后学会了拍照，对父亲的帮助很大。

1889年 获法国学士院最高荣誉的布其·得尔蒙奖，获得奖金1万法郎。由于教科书和科学用书的出版，他获得很多版税。

1890年 女儿波莉奴出生。

1891年 四女克蕾儿去世。出版了《法布尔昆虫记》第四册。

1892年 荣膺比利时昆虫学会荣誉会员。

1893年 法布尔的父亲去世，享年93岁。12月31日，女儿安娜出生。法布尔开始研究大天蛾。

1894年 荣膺法国昆虫学会荣誉会员。开始观察粪金龟、半人小粪金龟、鸟喙象鼻虫等昆虫。

1897年 在荒石园家中自行教育三个年幼的孩子，妻子约瑟芬也一起听课。法布尔十分重视孩子的好奇心和探求欲。出版《法布尔昆虫记》第五册。

1898年 女儿安德莉亚去世。

1900年 出版《法布尔昆虫记》第六册。

1901年 出版《法布尔昆虫记》第七册。

1902年 成为俄罗斯昆虫学会的荣誉会员。

1903年 出版《法布尔昆虫记》第八册。

1905年 获得法国学士院颁发的吉尼尔奖。出版《法布尔昆虫记》第九册。

1907年 出版《法布尔昆虫记》第十册。《法布尔昆虫记》受到众多科学家的赞誉，但由于不受大众欢迎，所以并不畅销。

1909年 开始编写《法布尔昆虫记》第十一册，但是他的身体已日渐衰弱。出版诗集，这本书成为法布尔编写的最后一本书。

1910年 法布尔的朋友、学生和读者们聚在一起，举办庆祝仪式。巴黎自然社博物馆馆长埃德蒙发表演说，肯定了法布尔的功绩。《法布尔昆虫记》由此扬名于世。法布尔获得了雷自旺·得努尔勋章。这一时期，法布尔已经十分虚弱，只能走几步路，看书也很困难。

1911年 有人呼吁法布尔为诺贝尔奖提名者，但是法国学士院推荐了别人。

1912年 7月3日，夫人约瑟芬去世，享年48岁。法布尔在阿莱雅和护士的帮助下才能走动。

1913年 普恩加莱总统来访，赞扬了法布尔的贡献。出版《法布尔昆虫记》最终版，其中刊登了波尔拍的二百多张照片。第十册以后的内容没有作为第十一册出版，而是作为第十册的附录出版。

1914年 第一次世界大战爆发。儿子波尔参加了战争。三子爱弥尔和弟弟弗朗提力克相继去世。

1915年 法布尔渐渐迎来死亡。法布尔一直到临终前，都在不断地研究昆虫。10月11日，法布尔去世，享年92岁，葬于隆里尼墓园。

索引

E

F

G

H

J

N

O

P

Q

Y

Z

图书在版编目（CIP）数据

法布尔植物记：手绘珍藏版：全2册 / (法) 法布尔著；(韩) 秋芝兰编；(韩) 李济湖绘；邢青青，洪梅译. -- 北京：北京联合出版公司，2019.8（2023.3重印）

ISBN 978-7-5596-3441-2

Ⅰ. ①法… Ⅱ. ①法… ②秋… ③李… ④邢… ⑤洪… Ⅲ. ①植物－少儿读物 Ⅳ. ① Q94-49

中国版本图书馆 CIP 数据核字 (2019) 第 143298 号

北京版权局著作权合同登记 图字：01-2018-8469 号

法布尔植物记：手绘珍藏版

作　　者　[法] 法布尔
编　　者　[韩] 秋芝兰
绘　　者　[韩] 李济湖
译　　者　邢青青　洪　梅
责任编辑　李艳芬
项目策划　紫图图书 ZITO®
监　　制　黄　利　万　夏
特约编辑　曹莉丽
营销支持　曹莉丽
版权支持　王福娇
装帧设计　紫图装帧

北京联合出版公司出版
（北京市西城区德外大街 83 号楼 9 层　100088）
艺堂印刷（天津）有限公司印刷　新华书店经销
字数 145 千字　710 毫米 ×1000 毫米　1/16　24 印张
2019 年 8 月第 1 版　2023 年 3 月第 4 次印刷
ISBN 978-7-5596-3441-2
定价：99.90 元（全 2 册）